全国高等职业教育机电类“十二五”规划教材

电源技术基础

主　编　陈学锋

副主编　杨成利　陈跃敏　郑　崴

黄河水利出版社

·郑州·

内容提要

本书系统地介绍了电源技术的基础知识及其应用，全书内容主要包括线性直流稳压电源、开关电源、电源电路常用电子元器件、不间断电源等。

本书不仅对电源电路的特点和工作原理进行了分析，还对电源的设计进行了论述，是一本普及型和应用型的书籍，可作为学习电源技术的教材，也可作为设计电源的参考书。

图书在版编目（CIP）数据

电源技术基础/陈学锋主编.—郑州：黄河水利出版社，2011.8 （2022.1 修订重印）
ISBN 978-7-5509-0032-5

Ⅰ.①电… Ⅱ.①陈… Ⅲ.①电源-技术 Ⅳ.①TM91

中国版本图书馆 CIP 数据核字（2011）第 160732 号

出 版 社：黄河水利出版社
地址：河南省郑州市顺河路黄委会综合楼 14 层 邮政编码：450003
发行单位：黄河水利出版社
发行部电话：0371-66026940、66020550、66028024、66022620（传真）
E-mail：hhslcbs@126.com
承印单位：河南承创印务有限公司
开本：787 mm×1 092 mm 1/16
印张：8.5
字数：210 千字
版次：2011 年 8 月第 1 版 印次：2022 年 1 月第 3 次印刷

定价：28.00 元

前　言

在科技日新月异的现代，随着电子技术、自动化技术、集成电路技术等的高速发展，出现了各种各样的电子设备，在电子设备内部，各种各样的集成电路、电子电路和执行装置都需要电源。电源是一切电子设备的心脏，是所有电子设备的动力，没有电源，电子设备就不能工作。

本书系统介绍了电源技术的基础知识及其应用，全书共分七章。第一章阐述了电源基础知识；第二章介绍了线性直流稳压电源的组成和应用；第三章阐述了开关电源中主要的电子元器件；第四章介绍了开关电源的主电路；第五章阐述了开关电源控制电路的组成及应用；第六章介绍了开关电源的辅助电路；第七章阐述了不间断电源的组成及应用；书末附录介绍了电子仿真软件——虚拟电子实验室 10.0。

本书第一、三、五章由河南机电高等专科学校陈学锋编写，第二章由河南机电高等专科学校杨成利编写，第四章由濮阳职业技术学院陈跃敏编写，第六章由河南科技学院郑崴编写，第七章由河南机电高等专科学校牛磊编写，附录由河南机电高等专科学校付靖编写。

本书由陈学锋担任主编，负责全书统稿；由杨成利、陈跃敏、郑崴担任副主编。

由于编者水平有限，加之电源技术发展迅速，书中内容难免存在不当之处，敬请广大读者批评指正。

编　者

目 录

第一章　电源基础知识

第一节　概　述

一、电源的分类

在科技日新月异的现代，随着电子技术、自动化技术、IC 技术等的高速发展，出现了各种各样的电子设备，如计算机、电视机、通信设备、工业控制设备、服务器、路由器和医疗仪器等。在电子设备内部，各种各样的 IC、电子电路和执行装置都需要电源。电子设备由于要完成许多先进、高级的功能，对供电电源的精度、稳定性、动态响应能力及其他很多指标都有非常高的要求，而电网直接提供的交流电或电池直接提供的直流电是随环境、时间或负载变化的，它们不能直接成为电子设备所需的内部电源。

将电网或电池提供的一次电能转换为符合电子设备要求的二次电能，这样的设备便是电源。电源是一切电子设备的心脏，是所有电子设备的动力，没有电源，电子设备就不能工作。

根据电子设备所需的供电形式，电源可以分为直流电源和交流电源两大类。

（一）直流电源

直流电源的输入可以是交流电也可以是直流电，输出是直流电。电子设备的直流供电通常需要稳压的直流电。按照稳压原理的不同，直流电源分为线性直流稳压电源和开关直流稳压电源。

（二）交流电源

交流电源的输入可以是交流电也可以是直流电，输出是交流电。输入为交流电输出也是交流电主要应用在稳压、稳频的场合；输入为直流电输出为交流电时称为逆变器，主要应用在不间断供电的场合。

二、直流稳压电源的组成

直流稳压电源输入为交流电网电压 u_i，输出为直流稳压电压 U_o。直流稳压电源由整流电路、滤波电路、稳压电路、保护电路等组成，如图 1-1 所示。

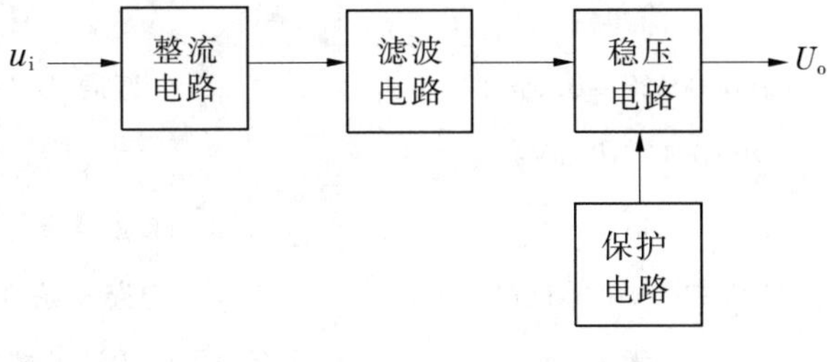

图 1-1　直流稳压电源组成

(1)整流电路。将交流电变为单向脉动直流电。在输出电压比较小的时候,整流电路前面可以加上降压工频变压器。

(2)滤波电路。降低整流电路输出电压中的交流分量,尽量保留直流分量。

(3)稳压电路。稳定输出电压,抑制因为电网电压、环境和负载等变化引起的波动。

(4)保护电路。防止过流、过压、过热等原因引起电源中器件的损坏,保证电源正常工作。

三、线性直流稳压电源与开关直流稳压电源比较

根据直流稳压电源稳压电路中调整管的工作方式的不同,直流稳压电源可分为线性直流稳压电源和开关直流稳压电源。

线性直流稳压电源通过控制调整管的导通程度达到稳定输出电压的目的。在整个工作周期中,调整管都处于导通状态,也就是说,调整管一直工作在放大状态。

开关直流稳压电源通过控制调整管的导通时间达到稳定输出电压的目的。在整个工作周期中,调整管相当于一个开关,也就是说,调整管工作在截止和饱和状态,等效于开关的断开和闭合。输出电压偏小时可以加大导通时间,反之,输出电压偏大时可以减小导通时间,进而使输出电压稳定。开关直流稳压电源通过控制调整管进行高速的导通与截止,将直流电转化为高频率的交流电提供给变压器进行变压,从而产生所需要的一组或多组电压,这些高频交流电压经过整流、滤波即可得到稳定的直流电压。转化为高频交流电的原因是高频交流在变压器变压电路中的效率要比 50 Hz 的工频交流电高很多,而且高频变压器可以做得很小,工作时不是很热,成本很低。

相比之下,线性直流稳压电源的调整管工作在放大状态,开关直流稳压电源的调整管工作在开关状态(截止和饱和)。线性直流稳压电源输出纹波很小,但是发热量大、效率低、需要大体积的工频变压器;而开关直流稳压电源功耗很低、工作效率很高、质量轻、体积小,但是调整管的控制元件电路比较复杂,输出纹波电压较大。线性直流稳压电源与开关直流稳压电源性能比较如表 1-1 所示。

表 1-1　线性直流稳压电源与开关直流稳压电源性能比较

项目	线性直流稳压电源	开关直流稳压电源
效率	低(30% ~60%)	高(70% ~85%)
体积	大(变压器与散热器体积大)	小(1/10 ~1/4)
质量	重(变压器与散热器质量重)	轻(1/10 ~1/4)
电路	简单	复杂
稳定度	高(0.001% ~0.1%)	普通(0.1% ~3%)
纹波(P－P)值	小(0.1 ~10 mV)	大(10 ~200 mV)
成本	低	普通(差额已急速减少)
可靠性	零件数少,可靠性高	电路复杂,可靠性一般
干扰(EMI)	无	有(可以用滤波器或隔离加以防止)

第二节　电源的技术指标

不同的电子设备对电源的要求千差万别,表述其要求的规格说明必须有一个依据,这个依据是由一系列参数和指标组成的,这些指标的确定要有科学性、可行性、普遍性、合理性和权威性,甚至在电源应用及产品销售中起到一定的法规作用,这就是电源的技术指标。电源的技术指标对电源产品内容的说明必须详细而简明。

一、输入特性指标

(一)输入电压相数

对 AC/DC,AC/AC 型变换器,一般采用单相二线或三相三线,也有采用单相三线或三相四线式的。该项指标除给出电源的相数外,还要标明包括漏电流规格在内的输入线的使用条件,例如单相三线或三相四线中的 1 线和中线及供电系统的接地条件等。

(二)输入电压范围

中国的市电电网额定电压为 220 V 及 380 V, 美国为 120 V,欧洲为 220 ~ 240 V,日本为 100 V 及 200 V,不同的地区和国家有差异,变动范围一般为 ±10%。考虑配电线路和各国不同的电源情况,其变动范围一般为 –15% ~10%,但在我国农村及边远地区,供电条件要恶劣得多,变动范围要考虑为 ±20%。

(三)输入频率

交流电网额定频率有 50 Hz(中国)和 60 Hz(欧美),电源受频率变动特性影响不大,电源频率变动范围一般为 48 ~ 63 Hz。作为特殊标准,船舶及飞机等用的交流电频率是 400 Hz。

(四)输入电流

电源输入电流的最大值发生在输入电压的下限和输出电流的上限,因此要标明该条件下的有效输入电流。额定输入电流是指输入电压和输出电压、电流在额定条件下的输入电流。考虑到三相输入时,各相电流会发生失衡现象,输入电流应取其平均值。

(五)浪涌电流

浪涌电流是指额定输入电压情况下接通电源,输入电流达到稳定状态前通过的最大瞬时电流峰值(0 ~ 峰值)。

(六)功率因数

由于 AC/DC、AC/AC 型开关电源的输入部分大多采用整流加电容滤波的方式,因此输入电流的波形为脉冲状而不是正弦波,因而其功率因数只有 0.55 左右,采用了功率因数补偿(无源或有源)后,功率因数可达 0.93 ~0.99。

(七)效率

效率是指额定的输出功率除以输入有效功率所得的数值。

(八)漏电流

漏电流是指流经输入侧地线的电流,在开关电源中主要是通过静噪滤波器的旁路电容器的泄漏电流。漏电流的范围是为防止触电危险而制定的,一般规定为 0.5 ~1.5 mA。

二、输出特性指标

（一）输出电压

输出电压指出现于输出端子间的电压（直流或交流）的标称值。

（二）输出电流

输出电流指可由输出端子供给负载的电流，取其最大平均值，在多路输出的电源中，如有某一路输出电流增加，其他路的输出电流就会减少，但总的输出不会发生大的变化。

（三）稳压精度

稳压精度也叫输出电压精度，是在出现改变输出电压的因素时，输出电压的变动量或变动量与额定输出电压的比值。

（四）线路调整率

线路调整率也叫输入调整率，在25 ℃环境和额定负载下测量输出电压低限值、额定值及高限值，两个偏差输出电压与额定输出电压的百分比相差最大的那个值就是线路调整率。

（五）负载调整率

在25 ℃环境和额定输入电压下，分别在额定负载和最小负载下测量输出电压，这两个输出电压的差值与额定负载下输出电压的百分比就是负载调整率。

（六）温度系数

在额定环境温度（25 ℃）、额定输入电压和额定输出负载下测量输出电压，然后将温度调整到各个极限，在温度的各个极限值时注意电压的变化。用电压的变化值除以相应温度的变化值，即为温度系数。

（七）输出电压可变范围

输出电压可变范围是指在保证稳压精度的条件下可从外部调节输出电压的范围，一般为±5%或±10%。

（八）纹波噪声

纹波是出现在输出端子间的一种与输入频率和开关频率同步的成分，可以用峰－峰（P－P）值表示，其值一般在输出电压的1%以下。噪声是出现在输出端子间，除纹波外的一种高频成分。同纹波一样，噪声可以用峰－峰（P－P）值表示，其值通常在所输出电压的1%以下。纹波和噪声有时不能明显区别，大多数电源产品将其统一按纹波噪声处理，约为输出电压的2%以下。

（九）瞬态响应

输入电压或输出负载的突然变化，引起输出电压偏离额定值，开关电源的控制回路对其进行调整，经一段时间后，输出电压又回到额定值。这一段时间，即表征开关电源的瞬态响应，通常在几毫秒（ms）到几十毫秒数量级。

（十）开启时间

接通输入电压后，开关电源的输出达到稳定的额定输出值所需要的时间称为开启时间，通常为几十毫秒（ms）到几百毫秒。多路输出的开启时间各不相同。

（十一）保持时间（维持时间）

输入电压断开后，额定输出电压降低到规定值的时间即为保持时间，通常为几十毫秒（ms）到几百毫秒。多路输出的保持时间各不相同，保持时间在计算机、单片机、DSP中对保护存储器中的数据非常重要。一些特殊应用的电路(如执行机构、保护电路等)对多路输出的保持时间还有严格的时序要求。

(十二)下降时间

下降时间指在关断的瞬间,当输入电压停止进入电源到各组输出电压降到最低时所需时间。

三、附属功能指标

(一)过流保护

过流保护是一种电源负载保护功能,以免包括输出端子的短路在内的过负载输出电流对电源和负载的损坏。过流保护给定值一般是额定电流的110% ~130%。

(二)短路保护

短路保护是过流保护的特殊情况,以保护电源在输出端子间短路时不会损坏。

(三)过压保护

过压保护是一种对输出端子间过大电压进行负载保护的功能。其值一般规定为输出电压的110% ~140%。发生过压情况时,要停止开关电源的振荡或切断输出。

(四)过功率保护

过功率保护是一种对输出功率过大进行保护的功能。其值一般规定为额定输出功率的110% ~130%。

(五)输出欠压保护

当输出电压在标称值以下时,检测输出电压下降或为保护负载及防止误动作而停止电源工作并发出报警信号,称为输出欠压保护,其值多为输出电压的30% ~80%。多路输出电源的保护时序复杂时,确定输出欠压保护值时要慎重考虑,避免产生误动作。

(六)过热保护

过热保护指电源内部发生异常或因使用方法不当而电源温升超标时,停止电源的工作并发出报警信号。

(七)绝缘耐压

绝缘耐压因输入电压而异。可执行有关的安全标准,一般的输入和输出(I/P - O/P)之间加AC 1 500 V,输入和外壳(I/P - FG)之间加AC 1 500 V,输出和外壳(O/P - FG)之间加AC 500 V,持续时间为1 min。

四、使用环境指标

(一)工作温度

工作温度指在该温度范围内,可以保证产品说明书上的指标,如果产品在超出允许的温度范围内工作,将达不到规定的技术指标,甚至引起产品永久性损坏。

(二)储存温度

储存温度指在非工作状态下不致因长期保存而影响性能的环境温度允许范围。

(三)湿度

湿度指在该湿度范围内,可以保证产品说明书上的技术指标。如果产品在超出允许的湿度范围内工作,将达不到规定的技术指标,甚至引起产品永久性损坏。

（四）海拔高度

气压因海拔高度而异，在一定的海拔高度以下，可以保证产品说明书上的技术指标。如果产品超出允许的海拔高度工作，将达不到规定的技术指标，甚至引起产品永久性损坏。这是因为海拔高度越高，气压越低，冷却效果越差。

（五）振动与冲击

振动与冲击指在允许的振动和冲击情况下，电源能够正常工作。如果产品在超过允许的振动和冲击下工作，将达不到规定的技术指标，甚至引起产品永久性损坏。

（六）其他环境条件

抗尘埃、防腐蚀、抗盐雾、耐湿热或耐药性等都是要根据设备的使用环境加以规定的项目。但除特殊电源产品外，一般不作规定，规定时则要有明确的评价标准。

五、可靠性及标准指标

（一）可靠性

一般采用MTBF（平均无故障工作时间）表示产品的可靠性。MTBF因产品适用范围而异，对于工业产品，一般要求MTBF在10万h以上。

（二）安全标准

安全标准指为保证电子产品对人身、设备的安全，规定要强制执行的标准。常见安全标准如下：

中国：CCC标准，也称3C认证。

美国：UL487/UL1950。

加拿大：CSA C22.2 NO.234/CSA950。

日本：电气用品安全法。

德国：TUV/VDE0806/0805。

欧洲：IEC65、IEC380、EN60950。

（三）电磁兼容性

开关电源作为一种供电装置，起着外部与设备的接口作用。其高频的开关脉冲会产生传导和辐射。因此，开关电源在受到外部噪声影响最强的同时，也向外部设备和用电负载输出电磁干扰。电磁干扰噪声的测量，一般分频段（如10 kHz以下，10～150 kHz，150 kHz～10 MHz，10 MHz以上），按有关的标准、规定的方法及容限进行。标准如下：

国际：CISPR PUB11。

美国：FCC P15J。

中国：《微型计算机系统设备用开关电源通用规范》（GB/T 14714—2008），《信息技术设备（包括电气事务设备）的安全》（GB 4943—2001），《信息技术设备的无线电骚扰限值和测量方法》（GB 9254—2008）。

安全标准和电磁兼容性标准的第三方认证机构是由在试验认证领域里居世界领先地位的三家机构（德国的TUVPS、VDE-Institute，美国的UL）组成的协调小组，向生产商提供国际间通告的安全和“EMC”标准。

（四）质量保证体系标准

中国标准：GB/T 19001。

中国军用标准:GJB/Z 19001、GJB/Z 9001。

国际标准:ISO9001。

六、结构规格指标

结构规格指标包括以下几个方面:

(1)形状条件:如外包装机壳的有无等。

(2)确定外形尺寸和尺寸公差。

(3)安装条件:安装位置、安装孔、螺钉长度等。

(4)壳体材料和表面处理(电镀、喷漆等)。

(5)冷却条件:自然冷却或强制风冷及通风方向、风量和孔径尺寸。

(6)接口位置和表示。

(7)操作零部件(输出电压可变电位器、开关和指示灯等)的位置和指示位置。

(8)质量。

第三节　电源的发展趋势

现代电源起始于20世纪50年代末、60年代初的硅整流技术,其发展先后经历了整流时代、逆变时代和变频时代,推动了电源技术在许多新兴领域的应用。20世纪80年代末和90年代初发展起来的以功率场效应管(MOSFET)和IGBT为代表的集高频、高压和大电流于一身的功率半导体复合器件,表明传统电源技术已经进入现代电源技术的新兴时代。

一、多元化

电源设备用以实现电能变换和功率传递,是一种技术含量高、涉及面宽、更新换代快的产品。现今已广泛应用到工业、能源、交通、运输、信息、航空、航天、航海、国防、教育、文化等领域。在信息时代,上述各行各业都在迅猛地发展,发展的同时又对电源产业提出了更多更高的要求,如节能、节电、节材、缩体、减重、防止污染、改善环境、可靠、安全等。这就迫使电源工作者在电源研发过程中不断探索,并利用各种相关技术,做出合格的电源产品,以满足各行各业的需求。显然,电源技术的发展将带动相关技术的发展,而相关技术的发展反过来又推动了电源产业的发展。当前在电源产业,占主导地位的产品有各种线性稳压电源、通信用的AC/DC开关电源、DC/DC开关电源、交流变频调速电源、电解电镀电源、高频逆变式整流焊接电源、中频感应加热电源、电力操作电源、正弦波逆变电源、大功率高频高压直流稳压电源、绿色照明电源、化学电源、UPS(不间断电源)、可靠高效低污染的光伏逆变电源、风光互补型电源等。而与电源相关的技术有高频变换技术、功率转换技术、数字化控制技术、全谐振高频软开关变换技术、同步整流技术、高度智能化技术、电磁兼容技术、功率因数校正技术、保护技术、并联均流控制技术、脉宽调制技术、变频调速技术、智能监测技术、智能化充电技术、微机控制技术、集成化技术、网络技术、各种形式的驱动技术和先进的工艺技术等。

二、绿色化

全球对环保和节能越来越重视,越来越多的人开始意识到节能的重要性,电源的发展也顺应此潮流。要开源节流,除随手关灯、关电外,降低产品的功耗尤其重要。无论是对个人还是企业用户,全球个人计算机(PC)都是很重要的能耗源。多数人以为,采用低功耗CPU、存储器、芯片就可以替计算机系统省电,但其实真正耗电的是"电源"。身为能源运用的重要一环,电源产业无法置身于全球环保风潮之外,PC产品所使用的电源的效率只要提高1%,1年就可省下约10余座电厂所发的电,对环保与资源的贡献将非同小可。因此,近年来电源产业也朝着节能环保的方向发展,以符合市场需求。在电源设计上使用功率因数校正电路,可以减少虚功的损失。所谓功率因数,指的是有功功率与视在功率的比值,功率因数值愈大,其电力利用率愈高。功率因数校正器的运作原理,是控制调整交流电电流输入的时间与波形,使其与直流电电压波形尽可能一致,让功率因数趋近于1。功率因数越低,代表电力效能越低,即越多电力会无形地消失、耗损掉。一般电子设备没有功率因数校正功能时,其功率因子只有约0.5,而有功率因数校正功能的电子设备,可以增加电力系统容量,稳定电流,减少电力浪费。

三、模块化

电源技术模块化包括功率单元模块化和输出单元模块化。新型开关电源将其功率开关管和各种输出保护模块集成在一起,使开关电源的体积进一步缩小。输出稳压电路模块化,使电源在实际应用中更加灵活、方便、智能。模块电源需求持续向高功率密度、高效率和高电流低电压方向发展。在技术实现上,目前隔离模块的设计主要还是采用单端反激、单端正激、正反激组合、推挽、桥式变换等传统的电路拓扑,非隔离模块采用BUCK、BOOST等电路拓扑。为了提高效率,可以结合各种软开关技术,包括无源无损软开关技术、有源软开关技术、ZVS/ZCS谐振技术、零电压和零电流转换技术等。

四、数字化

随着数字技术的发展和成熟,现代电源更多地向数字化方向发展。采用数字技术可减小电源高频谐波干扰和非线性失真,同时便于CPU数字化控制。数字电源是一种新兴技术,在电源系统数字化、智能化的趋势下,对电源的状态控制和了解要求也越来越高,模拟控制转到数字控制面临很多挑战。比如,响应速度或带宽,模拟控制对信号状态的反应是瞬时的,而数字控制电路是一个采样系统,涉及延时问题,这就需要CPU、ADC等有很高的计算速度。种种迹象表明,数字电源作为一种新兴技术还处于摸索阶段,从设计人员到产品定义,再到广泛应用,数字电源的规模应用仍需要一个过程。

第二章　线性直流稳压电源

线性直流稳压电源主要由输入变压器、整流电路、滤波电路、稳压电路、保护电路等组成。其中,输入变压器的主要作用是把市电电压转换成大小合适的交流电压;整流电路把交流电压转换成单向脉动直流电压;滤波电路通过降低整流电路输出电压中的交流成分,尽量保留直流成分;稳压电路通过控制调整管的导通程度达到稳定输出电压的目的;保护电路主要为了防止过流、过压、过热等原因引起电源中元器件的损坏,保证电源正常工作。

第一节　整流电路

整流电路是利用二极管的单向导电性将正负变化的交流电压变为单向脉动的直流电压,在交流电源的作用下,整流二极管周期性的导通和截止,使负载得到脉动直流电压。根据交流电源相数的区别,整流电路可分为单相整流电路和三相整流电路。常用的整流电路有单相半波整流、单相全波整流、单相桥式整流、倍压整流及同步整流等。

一、单相半波整流电路

单相半波整流电路如图 2-1 所示。

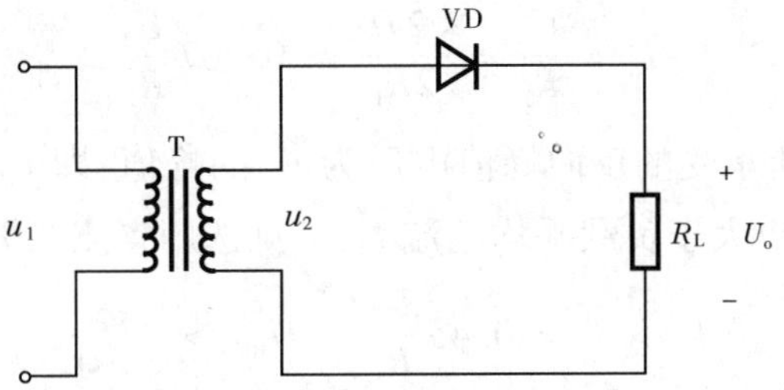

图 2-1　单相半波整流电路

它由输入变压器 T、整流二极管 VD 和负载电阻 R_L 组成,变压器的初级绕组接交流电源 u_1,次级绕组感应的交流电压为 u_2:

$$u_2(t) = u_{2m}\sin\omega t = \sqrt{2}U_2\sin\omega t \tag{2-1}$$

式中　u_{2m}——次级绕组电压的峰值;

　　U_2——次级绕组电压有效值。

电路的工作过程:在 u_2 的正半周($\omega t = 0 \sim \pi$),二极管因加正向偏压而导通,有电流 i_o 流过负载电阻 R_L。将二极管看做理想器件,R_L 上的电压 u_o 与 u_2 的正半周电压相同。在 u_2 的负半周($\omega t = \pi \sim 2\pi$),二极管 VD 因加反向电压而截止,R_L 上无电流流过,R_L 上的电压 $u_o = 0$。画出整流波形,如图 2-2 所示。

可见,由于二极管的单向导电性,流过负载电阻的输出电流为脉动电流,输出电压为单向脉动电压,输出电压的平均值(输出直流分量)为:

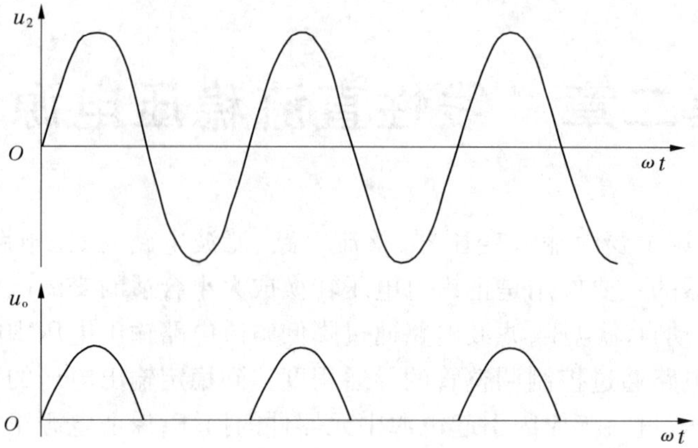

图 2-2　单相半波整流电路输出电压波形

$$\overline{U}_o = \frac{1}{T}\int_0^T u_o \cdot dt = \frac{1}{2\pi}\int_0^{\pi}\sqrt{2}U_2\sin\omega t d(\omega t) = \frac{\sqrt{2}}{\pi}U_2 = 0.45U_2 \tag{2-2}$$

输出电流的平均值为：

$$\overline{I}_o = \frac{\overline{U}_o}{R_L} = \frac{0.45U_2}{R_L} \tag{2-3}$$

输出电压和输出电流的有效值为：

$$U_o = \sqrt{\frac{1}{2\pi}\int_0^{\pi}(\sqrt{2}U_2\sin\omega t)^2 d(\omega t)} = \frac{\sqrt{2}U_2}{2} = 0.707U_2 \tag{2-4}$$

$$I_o = \frac{U_o}{R_L} = \frac{\sqrt{2}U_2}{2R_L} = 0.707\frac{U_2}{R_L} \tag{2-5}$$

整流二极管截止时所承受的反向峰值电压为 u_2 的峰值，即 $U_{RM} = \sqrt{2}U_2$，整流二极管在正向导通时平均电流 I_F 应大于负载平均电流 $\overline{I}_o$，可见选用整流二极管时，应选择：

$$I_F > \overline{I}_o = 0.45\frac{U_2}{R_L},\quad U_{RM} > \sqrt{2}U_2 \tag{2-6}$$

整流电路输出的直流电压中包含大量的交流成分，为了表征输出的直流电压的波形好坏，我们提出脉动系数 S 和纹波系数 r 的概念。

脉动系数 S 的定义式为：

$$S = \frac{\text{输出交流分量最低次谐波分量的幅值}}{\text{输出直流分量}}$$

纹波系数 r 的定义式为：

$$r = \frac{\text{输出交流分量所有谐波总的有效值}}{\text{输出直流分量}}$$

脉动系数 S 或纹波系数 r 越小，输出脉动（纹波）越小，波形越平滑。将输出电压 u_o 用傅里叶级数展开，可得：

$$u_o = \sqrt{2}U_2\left(\frac{1}{\pi} + \frac{1}{2}\sin\omega t - \frac{2}{3\pi}\cos 2\omega t - \frac{2}{15\pi}\cos 4\omega t + \cdots\right) \tag{2-7}$$

其中：

(1)输出电压 u_o 的直流分量(输出电压平均值)为:

$$\overline{U}_o = \frac{\sqrt{2}}{\pi}U_2 = 0.45U_2$$

(2)输出电压 u_o 中的交流分量最低次谐波分量的幅值为:

$$U_{d1m} = \frac{\sqrt{2}}{2}U_2$$

(3)输出电压 u_o 中的交流分量所有谐波总的有效值为:

$$U_L = \sqrt{U_o^2 - \overline{U}_o^2} = \sqrt{(\frac{\sqrt{2}}{2}U_2)^2 - (\frac{\sqrt{2}}{\pi}U_2)^2}$$

(4)单相半波整流电路的脉动系数 S 和纹波系数 r 为:

$$S = \frac{U_{d1m}}{\overline{U}_o} = \frac{\pi}{2} = 1.57, \quad r = \frac{U_L}{\overline{U}_o} = 1.21 \tag{2-8}$$

单相半波整流电路简单,元件少,但输出电压直流分量小,脉动系数大,整流效率低,仅适用于输出电流小、允许脉动程度大、要求较低的场合。

二、单相全波整流电路

单相全波整流电路如图 2-3 所示。

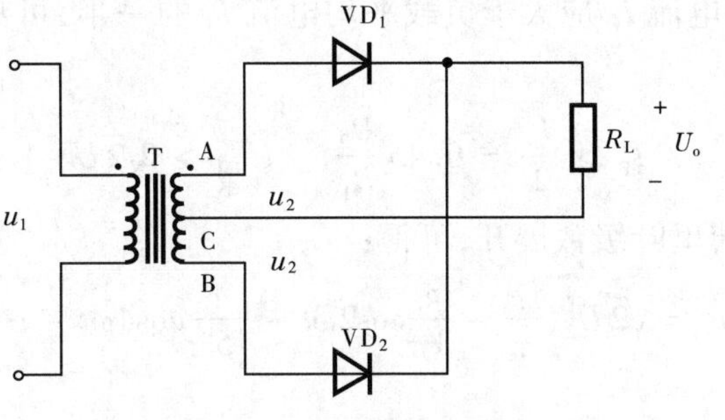

图 2-3　单相全波整流电路

它由输入变压器 T,整流二极管 VD_1、VD_2 和负载电阻 R_L 组成,变压器的初级绕组接交流电源 u_1,次级绕组感应的交流电压为 $u_{AC} = u_{CB} = u_2$。

电路的工作过程:在 u_2 的正半周($\omega t = 0 \sim \pi$),二极管 VD_1 导通,VD_2 截止,电流从上往下流过负载电阻 R_L。将二极管看做理想器件,R_L 上的电压 u_o 与 u_2 的正半周电压相同。在 u_2 的负半周($\omega t = \pi \sim 2\pi$),二极管 VD_1 截止,VD_2 导通,电流仍然从上往下流过负载电阻 R_L,R_L 上的电压 u_o 与 u_2 的正半周电压相同。画出整流波形如图 2-4 所示。

输出电压的平均值(输出直流分量)为:

$$\overline{U}_o = \frac{1}{T}\int_0^T u_o \cdot dt = \frac{1}{2\pi}\int_0^{2\pi} \left|\sqrt{2}U_2 \sin\omega t\right| d(\omega t) = \frac{2\sqrt{2}}{\pi}U_2 = 0.9U_2 \tag{2-9}$$

输出电流的平均值为:

$$\overline{I}_o = \frac{\overline{U}_o}{R_L} = \frac{0.9U_2}{R_L} \tag{2-10}$$

整流输出电压和输出电流的有效值为:

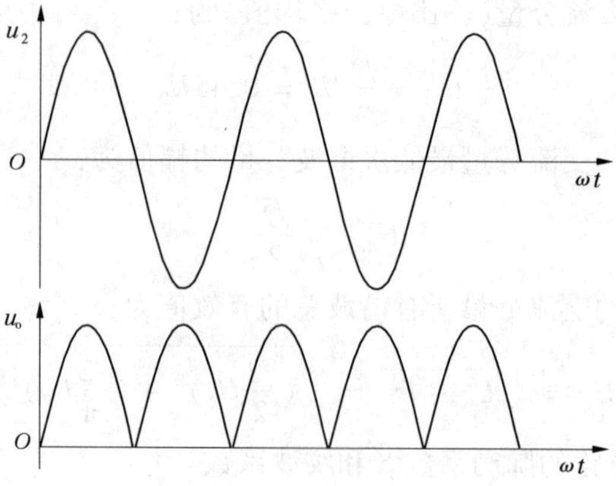

图 2-4　单相全波整流电路输出电压波形

$$U_o = U_2 \tag{2-11}$$

$$I_o = \frac{U_o}{R_L} = \frac{U_2}{R_L} \tag{2-12}$$

整流二极管 VD_1 或 VD_2 截止时所承受的反向峰值电压为：$U_{RM} = 2\sqrt{2}U_2$。在单相全波整流电路中，整流二极管 VD_1 和 VD_2 交替导通，每个管子各工作半个周期，因此二极管 VD_1 和 VD_2 在正向导通时平均电流 I_F 应大于负载平均电流 $\bar{I}_o$ 的一半，可见选用整流二极管时，应选择：

$$I_F > \frac{\bar{I}_o}{2} = 0.45\frac{U_2}{R_L}, \quad U_{RM} > 2\sqrt{2}U_2 \tag{2-13}$$

将输出电压 u_o 用傅里叶级数展开，可得：

$$u_o = \sqrt{2}U_2\left(\frac{2}{\pi} - \frac{4}{3\pi}\cos 2\omega t - \frac{4}{15\pi}\cos 4\omega t - \cdots\right) \tag{2-14}$$

其中：

（1）输出电压 u_o 的直流分量（输出电压平均值）为：

$$\bar{U}_o = \frac{2\sqrt{2}}{\pi}U_2 = 0.9U_2$$

（2）输出电压 u_o 中的交流分量最低次谐波分量的幅值为：

$$U_{d1m} = \frac{4\sqrt{2}}{3\pi}U_2$$

（3）输出电压 u_o 中的交流分量所有谐波总的有效值为：

$$U_L = \sqrt{U_o^2 - \bar{U}_o^2} = \sqrt{(U_2)^2 - \left(\frac{2\sqrt{2}}{\pi}U_2\right)^2}$$

（4）单相全波整流电路的脉动系数 S 和纹波系数 r 为：

$$S = \frac{U_{d1m}}{\bar{U}_o} = \frac{2}{3} = 0.67, \quad r = \frac{U_L}{\bar{U}_o} = 0.48 \tag{2-15}$$

单相全波整流电路在交流正负两半周均有电流流过负载，变压器的利用率比半波整流高，脉动系数比半波整流要小，流过整流二极管的正向平均电流是负载平均电流的一半。但是单相全波整流电路中变压器增加了中心抽头，增加了工艺难度，而且整流二极管截止时承受的反向峰值电压是半波整流的两倍。

三、单相桥式整流电路

单相桥式整流电路如图 2-5 所示。

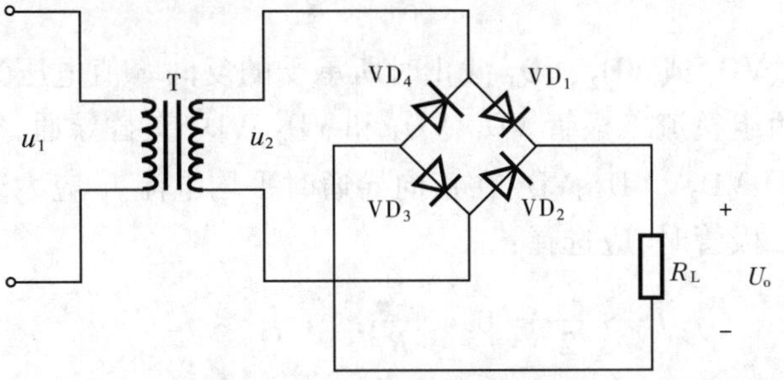

图 2-5 单相桥式整流电路

单相桥式整流电路由输入变压器 T，整流二极管 VD_1、VD_2、VD_3、VD_4 和负载电阻 R_L 组成，是目前工程上最常用的整流电路。四只整流二极管分成两组交替工作，VD_1、VD_3 为其中一组，VD_2、VD_4 为另外一组。变压器的初级绕组接交流电源 u_1，次级绕组感应的交流电压为 u_2。

电路的工作过程：在 u_2 的正半周（$\omega t=0\sim\pi$），二极管 VD_1、VD_3 导通，VD_2、VD_4 截止，电流从上往下流过负载电阻 R_L。将二极管看做理想器件，R_L 上的电压 u_o 与 u_2 的正半周电压相同。在 u_2 的负半周（$\omega t=\pi\sim2\pi$），二极管 VD_1、VD_3 截止，VD_2、VD_4 导通，电流仍然从上往下流过负载电阻 R_L，R_L 上的电压 u_o 与 u_2 的正半周电压相同。画出整流波形如图 2-6 所示。

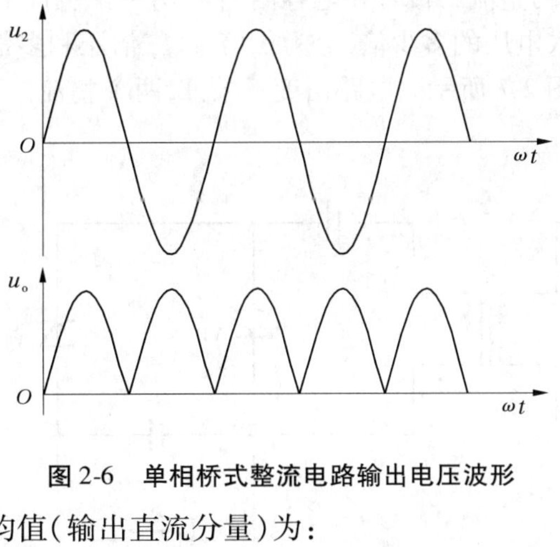

图 2-6 单相桥式整流电路输出电压波形

输出电压的平均值（输出直流分量）为：

$$\overline{U}_o=\frac{1}{T}\int_0^T u_o\cdot \mathrm{d}t=\frac{1}{2\pi}\int_0^{2\pi}\left|\sqrt{2}U_2\sin\omega t\right|\mathrm{d}(\omega t)=\frac{2\sqrt{2}}{\pi}U_2=0.9U_2 \tag{2-16}$$

输出电流的平均值为：

$$\bar{I}_o = \frac{\bar{U}_o}{R_L} = \frac{0.9U_2}{R_L} \tag{2-17}$$

整流输出电压和输出电流的有效值为：

$$U_o = U_2 \tag{2-18}$$

$$I_o = \frac{U_o}{R_L} = \frac{U_2}{R_L} \tag{2-19}$$

整流二极管 VD_1、VD_3 或 VD_2、VD_4 截止时所承受的反向峰值电压为：$U_{RM}=\sqrt{2}U_2$。在单相桥式整流电路中，两组整流二极管 VD_1、VD_3 和 VD_2、VD_4 交替导通，每组管子各工作半个周期，因此二极管 VD_1、VD_2、VD_3、VD_4 在正向导通时平均电流 I_F 应大于负载平均电流 $\bar{I}_o$ 的一半，可见选用整流二极管时，应选择：

$$I_F > \frac{\bar{I}_o}{2} = 0.45\frac{U_2}{R_L}, \quad U_{RM} > \sqrt{2}U_2 \tag{2-20}$$

单相桥式整流电路的脉动系数 S 以及纹波系数 r 和单相全波整流电路的相同：

$$S = \frac{U_{d1m}}{\bar{U}_o} = \frac{2}{3} = 0.67, \quad r = \frac{U_L}{\bar{U}_o} = 0.48 \tag{2-21}$$

单相桥式整流电路和单相半波整流电路相比，不仅提高了交流电和变压器的利用率，而且降低了输出电压的脉动系数。单相桥式整流电路和单相全波整流电路相比，不仅降低了对整流管的要求（反向承受峰值电压），而且省去了变压器的中心抽头，降低了工艺难度。正是因为具有以上优点，单相桥式整流电路在实际应用中最为普遍。

四、倍压整流电路

在一些需用高电压、小电流的地方，常常使用倍压整流电路。倍压整流电路可以把较低的交流电压，用耐压较低的整流二极管和电容器“整”出一个较高的直流电压。倍压整流电路一般按输出电压是输入电压的多少倍，分为二倍压、三倍压和多倍压整流电路。

二倍压整流电路如图 2-7 所示。电路由变压器 T，两个整流二极管 VD_1、VD_2 及两个电容器 C_1、C_2 组成。

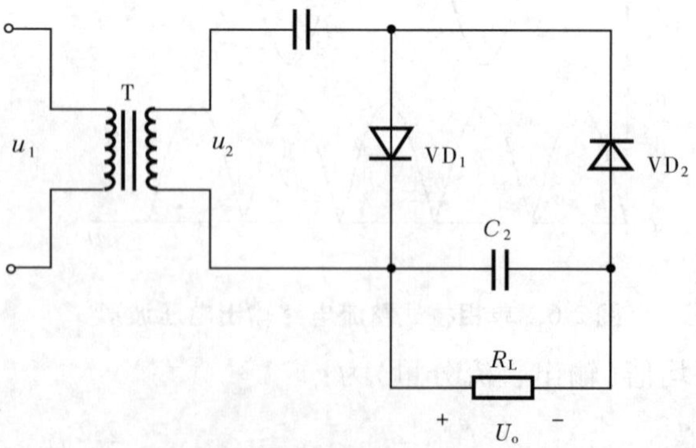

图 2-7　二倍压整流电路

二倍压整流电路工作原理：在 u_2 的正半周（上正下负），二极管 VD_1 导通，VD_2 截止，电流经过 VD_1 对 C_1 进行充电，电容 C_1 上的电压充电到 $\sqrt{2}U_2$，并基本保持不变。在 u_2 的负半周(下正上负),二极管 VD_2 导通,二极管 VD_1 截止。此时,C_1 上的电压 $U_{C1}=\sqrt{2}U_2$ 与电源电压 u_2 串联相加,电流经二极管 VD_2 对电容 C_2 进行充电,电容 C_2 上的电压充电到 $U_{C2}=2\sqrt{2}U_2$,它的值是变压器次级电压的二倍,所以叫做二倍压整流电路。

在实际应用电路中,负载上的电压一般要小于 $2\sqrt{2}U_2$,其值 $U_o \approx 2\times1.2U_2$。整流二极管 VD_1 和 VD_2 所承受的最高反向电压均为 $2\sqrt{2}U_2$,电容器上的直流电压 $U_{C1}=\sqrt{2}U_2$,$U_{C2}=2\sqrt{2}U_2$,可以据此设计电路和选择元件。

在二倍压整流电路的基础上,再加一个整流二极管 VD_3 和一个滤波电容器 C_3,就可以组成三倍压整流电路,如图 2-8 所示。

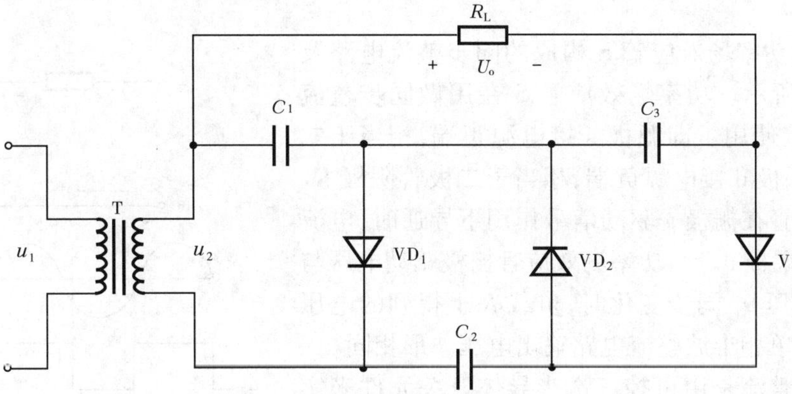

图 2-8 三倍压整流电路

三倍压整流电路的工作原理是:u_2 的第一个半周和第二个半周与二倍压整流电路相同,即电容 C_1 上的电压被充电到 $U_{C1}=\sqrt{2}U_2$,电容 C_2 上的电压被充电到 $U_{C2}=2\sqrt{2}U_2$。当第三个半周时,VD_1、VD_3 导通,VD_2 截止,电流除经 VD_1 给 C_1 充电外,又经 VD_3 给 C_3 充电,电容 C_3 上的充电电压:$U_{C3}=u_2$ 的峰值 $+U_{C2}-U_{C1}=2\sqrt{2}U_2$。这样,在 R_L 上就可以得到输出直流电压:$U_o=U_{C1}+U_{C3}=3\sqrt{2}U_2$,实现了三倍压整流。

在实际应用电路中,负载上的电压 $U_o \approx 3\times1.2U_2$,整流二极管 VD_3 所承受的最高反向电压也是 $2\sqrt{2}U_2$,电容器 C_3 上的直流电压 $U_{C3}=2\sqrt{2}U_2$。

照同样的办法,增加多个二极管和相同数量的电容器,就可以组成多倍压整流电路。当 n 为奇数时,输出电压从上端取出;当 n 为偶数时,输出电压从下端取出。必须说明,倍压整流电路只能在负载较轻(即 R_L 较大,输出电流较小)的情况下工作,否则输出电压会降低。倍压越高的整流电路,这种因负载电流增大导致输出电压下降的情况越明显。

五、同步整流电路

近年来,随着电子技术的发展,电路的工作电压越来越低、电流越来越大。低电压工作有利于降低电路的整体功率损耗,但也给电源设计带来了新的难题。

在低电压、大电流输出的情况下,整流二极管的导通压降较高,整流管的损耗很大。快恢复二极管(FRD)或超快恢复二极管(SRD)的导通压降可达 1.0~1.2 V,即使采用低压降的肖特基二极管(SBD),也会产生大约 0.4 V 的导通压降,这就导致整流损耗增大,电源效率降低。举例说明,目前笔记本电脑普遍采用3.3 V甚至1.8 V或1.5 V的供电电压,所消耗的电流可达20 A。此时,超快恢复二极管的整流损耗已接近甚至超过电源输出功率的50%。即使采用肖特基二极管,整流管上的损耗也会达到18%~40%。因此,传统的二极管整流电路已无法满足实现低电压、大电流电源高效率的需要。

同步整流是采用通态电阻极低的功率场效应管(MOSFET),来取代整流二极管以降低整流损耗的一项新技术。因为功率场效应管正向饱和压降很小(例如15 A时正向压降只有0.1 V),它能大大提高电源的效率,并且不存在肖特基二极管势垒电压而造成的死区电压。功率场效应管属于电压控制型器件,它在导通时的伏安特性呈线性关系。用功率场效应管做整流器时,要求栅极电压必须与被整流电压的相位保持同步才能完成整流功能,故称为同步整流。

由N沟道功率场效应管S构成的同步整流电路及波形如图2-9所示。功率场效应管S在用做同步整流管时,一般反接使用。即源极s接电源正端,相当于二极管阳极A;漏极d接电源负端,相当于二极管阴极K。当功率场效应管在栅极g驱动信号作用下导通时,电流经源极s流向漏极d。当功率场效应管栅极驱动电压与正弦波电源电压u_g同步变化时,负载R上得到的电压波形和二极管单相半波整流电路输出电压波形相同。

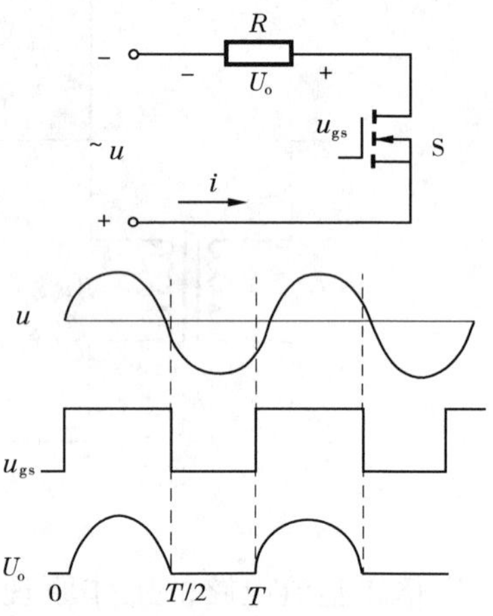

图2-9　同步整流电路及波形

由于同步整流是由可控三端半导体开关元件来实现的,因此必须有适合一定时序关系的栅极驱动信号去控制它,使其像一个二极管一样地导通与关断。驱动方法对电路整体性能影响很大,因此栅极驱动信号往往是设计同步整流电路时必须要完成的首要问题。

第二节　滤波电路

无论哪种整流电路,它们的输出电压都含有较大的脉动成分。除在一些特殊的场合可以直接用做放大器的电源外,通常需要采取一定的措施使脉动波形平滑,尽可能降低输出电压中的交流成分,保留其中的直流成分,使输出电压接近于理想的直流电压,这样的措施就是滤波。电容和电感都是基本的滤波元件,利用它们在整流二极管导通时储存能量,截止时逐渐释放出来,从而得到平滑的波形。或者从另一个角度看,电容和电感对于交流成分和直流成分反映出来的阻抗不同,如果把它们合理地安排在电路中,可以达到降低交流成分、保留直流成分的目的,体现出滤波的作用。常见的滤波电路有电容滤波、电感滤波、*LC*滤波和π型滤波。

一、电容滤波电路

以半波整流电路为例,在整流电路的负载R_L两端并联电容C,组成单相半波整流电容滤波电路,如图2-10所示。

没有接电容时,整流二极管VD_1在u_2的正半周导通、负半周截止,输出电压u_o的波形如图 2-11 中虚线所示。并联上电容 C 以后，在 u_2 的正半周，当二极管 VD_1 导通时，除有一个电流 i_o 流向负载 R_L 外，同时还有一个电流 i_c 向电容充电，电容电压 u_c 的极性为上正下负。如果忽略二极管的内阻，则在二极管导通时，电容上的电压 u_c（即输出电压 u_o）等于变压器次级绕组电压 u_2，当 u_2 达到最大值 $\sqrt{2}U_2$ 时，电容上的电压 u_c 也达到 $\sqrt{2}U_2$。当 u_2 从最大值 $\sqrt{2}U_2$ 开始下降，此时 $u_2 < u_c$，二极管 VD_1 截止，电容 C 通过负载 R_L 开始放电，u_c 以一定的时间常数按指数规律下降。直到第二个正半周随着 u_2 的上升，出现 $u_2 > u_c$ 时，二极管 VD_1 开始导通，电容 C 充电，补充其放电损失的电荷，以后将不断重复充放电过程。输出电压 u_o（电容上的电压 u_c）的波形如图 2-11 中实线所示。

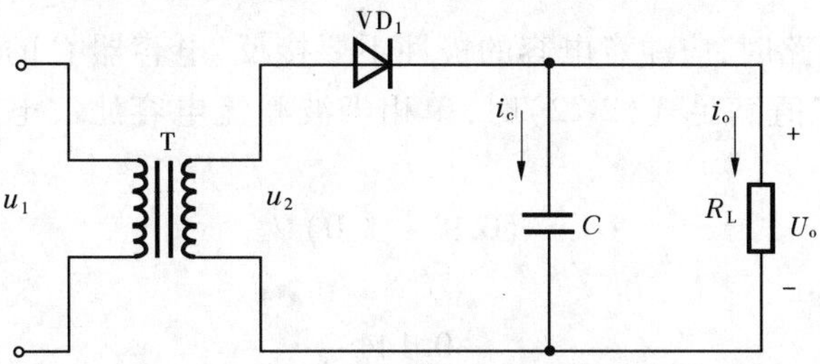

图 2-10　单相半波整流电容滤波

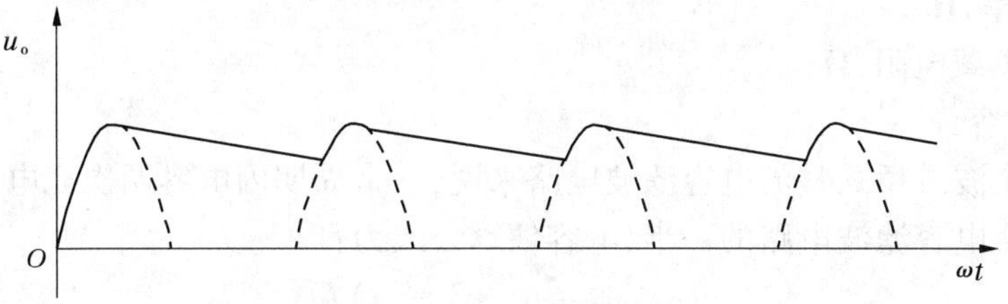

图 2-11　单相半波整流电容滤波波形

根据以上分析，对于电容滤波可以得到下面几个结论：

（1）加了电容滤波之后，输出电压的直流成分提高了，而脉动成分降低了，这是电容的储能作用造成的。电容在二极管导通时充电（储能），截止时放电（将能量释放给负载），不但使输出电压的平均值增大，而且使其变得更加平滑。

（2）电容的放电时间常数（$\tau = R_L C$）越大，放电越慢，输出电压平均值越高，脉动成分越少，滤波效果越好。所以，电容滤波电路一般要求电容 C 较大，负载 R_L 也较大。电容滤波电路适用于负载电流较小的场合。

（3）电容滤波电路的输出直流电压 U_o 将随着输出直流电流 I_o 变化而变化。当负载开路，即 $I_o = 0$（$R_L = \infty$）时，电容充电到 u_2 的最大值 $\sqrt{2}U_2$ 以后不再放电，则输出直流电压 $U_o = \sqrt{2}U_2$。当 I_o 增大（R_L 减小）时，由于电容放电过程加快而使 U_o 下降。如果忽略整流电路的内阻，半波整流加电容滤波电路后，其 U_o 值的变化范围为 $\sqrt{2}U_2 \sim 0.9U_2$。若考虑电流在二极管和变压器等效内阻上的降落，则 U_o 值更低。输出电压 U_o 与输出电流 I_o 之间的关系曲线称为电路的外特性。随着输出电流的增加，电容滤波电路的输出电压下降很快，即它的外特性比较软，所以电容滤波适用于负载电流变化不大的场合。

（4）接入电容以后，整流二极管的导通时间相对缩短了，而且电容放电时间常数越大，导通时间越短，电容的充电电流就越大。整流二极管在短暂的导通时间内流过一个很大的充电电流(冲击电流),对管子的寿命不利,选择二极管时,必须留有较大余量。有时为了限制流过整流二极管的冲击电流,需要给整流二极管串联一个限流电阻。

对于单相半波整流电容滤波电路,为了得到较好的滤波效果,在实际工作中经常根据式(2-22)来选择滤波电容的容量:

$$\tau = R_L C \geqslant (3 \sim 5)T$$

$$C \geqslant \frac{(3 \sim 5)T}{R_L} \tag{2-22}$$

式中 T——交流电压 u_2 的周期。

在电容滤波电路中,由于电容值比较大(约几十微法至几千微法),一般选用电解电容器。电解电容器接入电路时,应注意电容的极性不要接反,电容器 C 的耐压值应该大于$\sqrt{2}U_2$。当滤波电容的电容值满足式(2-22)时,单相半波整流电容滤波电路的输出直流电压为:

$$\overline{U}_o \approx (0.9 \sim 1.0)U_2 \tag{2-23}$$

纹波系数 r 为:

$$r = \frac{0.144}{fR_L C} \tag{2-24}$$

式中 f——频率,Hz;

R_L——负载电阻,Ω;

C——电容,F。

对于单相全波或桥式整流电容滤波电路来说,一个周期内电容两次充电,因此放电时间是单相半波整流电容滤波电路的一半,电容估算公式为:

$$\tau = R_L C \geqslant \frac{(3 \sim 5)T}{2}$$

$$C \geqslant \frac{(3 \sim 5)T}{2R_L} \tag{2-25}$$

当滤波电容的电容值满足式(2-25)时,单相全波或桥式整流电容滤波电路输出直流电压为:

$$\overline{U}_o \approx (1.1 \sim 1.2)U_2 \tag{2-26}$$

纹波系数 r 为:

$$r = \frac{0.072}{fR_L C} \tag{2-27}$$

式中符号意义同前。

二、电感滤波电路

利用流过储能元件——电感的电流不能突变的特点,在整流电路的负载回路中串联一个电感,使流过负载的电流波形变得比较平滑。因为电感对直流分量的阻抗很小,而对交流分量的感抗很大,所以能够得到较好的滤波效果,且直流电压损失很小。电感滤波电路的缺点是体积大、成本高。

桥式整流电感滤波电路如图 2-12 所示,电感 L 和负载 R_L 串联。当 u_2 的相位为$(0 \sim \frac{\pi}{2})$

时,VD_1、VD_3 导通,随着 u_2 的增加,电感中的电流增大,而电感产生的自感电动势阻碍了电流的增加,使电流变化率减小。当 u_2 的相位在($\frac{\pi}{2}\sim\pi$)时,随着 u_2 开始下降,电感中的电流减小,电感产生的自感电动势阻碍电流的减小,也使电流变化率减小。同理,当 u_2 的相位在($\pi\sim 2\pi$)时,VD_2、VD_4 导通,电感总是阻碍电流的变化,使电流变化率减小。由于桥式电路的对称性和电感中电流的连续性,四个二极管 VD_1、VD_3 和 VD_2、VD_4 的导通角都是180°。

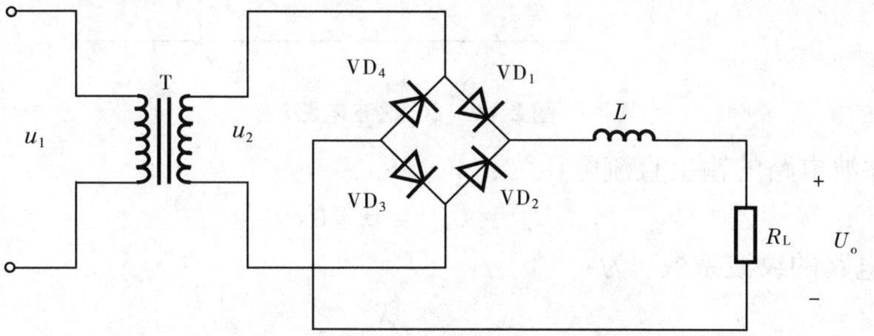

图 2-12　桥式整流电感滤波电路

桥式整流电路二极管的导通角是180°,整流输出电压平均值 $\overline{U}_o=0.9U_2$。桥式整流电感滤波电路,二极管的导通角也是180°,当忽略电感器 L 的电阻时,负载上输出的电压平均值也是 $\overline{U}_o=0.9U_2$。如果考虑滤波电感的直流电阻 R,则电感滤波电路输出的电压的平均值为:

$$\overline{U}_o=\frac{R_L}{R+R_L}0.9U_2 \tag{2-28}$$

由于电感的直流电阻很小,交流阻抗很大,因此直流分量经过电感后的损失很小,但是对于交流分量,在 ωL 和 R_L 上分压后,很大一部分交流分量降落在电感上,因而降低了输出电压中的脉动成分。电感 L 越大,R_L 越小,则滤波效果越好,所以电感滤波适用于负载电流比较大的场合。

三、LC 滤波电路

为了进一步改善滤波效果,可以采用 LC 滤波电路。在电感滤波电路的基础上,再在负载 R_L 上并联一个电容 C,LC 滤波电路如图 2-13 所示。因为 LC 滤波电路中电感 L 和电容 C 构成一个倒 L 的形状,所以 LC 滤波电路也叫做倒 L 形滤波电路。在 LC 滤波电路中,如果电感 L 值太小,或 R_L 太大,电路将呈现出电容滤波的特性,效果不是很好。为了保证整流二极管的导通角仍为180°,参数选择要合适,参数选择的条件是 $R_L<3\omega L$。在 LC 滤波电路中,负载 R_L 上并联了一个电容 C,其等效阻抗为($R_L//\frac{1}{\omega C}$),电感 L 的阻抗为 ωL。对于交流分量来讲,负载 R_L 和电容 C 并联的等效阻抗($R_L//\frac{1}{\omega C}$)与 ωL 之间进行分压,由于阻抗($R_L//\frac{1}{\omega C}$)总是小于负载阻抗 R_L,所以输出电压的脉动成分比仅用电感滤波时更小。

根据式(2-16),桥式整流输出电压的平均值为:

$$\overline{U}_{o1}=0.9U_2$$

对于直流分量来说,电感的等效阻抗很小,近似为短路,电容的等效阻抗很大,近似为断

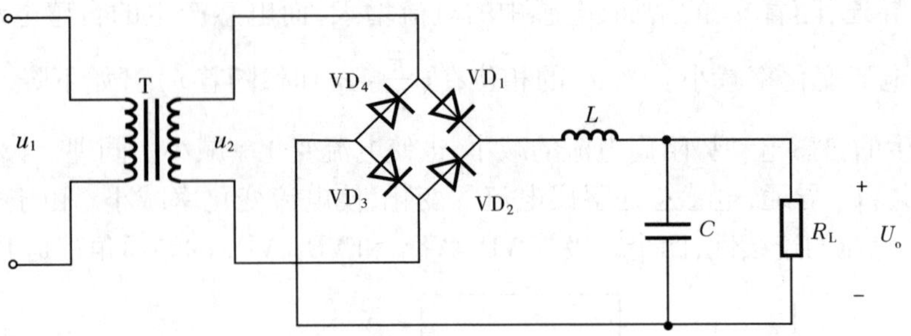

图 2-13　*LC* 滤波电路

路，所以 *LC* 滤波电路的输出直流电压为：

$$\overline{U}_o \approx \overline{U}_{o1} = 0.9U_2 \tag{2-29}$$

LC 滤波电路的纹波系数 r 为：

$$r \approx \frac{\sqrt{2}}{3}(\frac{X_C}{X_L}) \tag{2-30}$$

因为 *LC* 滤波电路的纹波主要是电源频率的二次谐波，所以在求 X_C 和 X_L 时应该用电源频率的 2 倍代入计算。如果交流电源的频率 $f = 50$ Hz，则 $X_C = \frac{1}{2\pi \times 100C}$，$X_L = 2\pi \times 100L$。将 X_C 和 X_L 代入式(2-30)可得：

$$r = \frac{1.2}{LC} \tag{2-31}$$

式中　L——电感，H；

C——电容，μF。

LC 滤波电路在负载电流较大或较小时均有良好的滤波作用，也就是说，它对负载的适应性比较强。电感滤波和 *LC* 滤波电路克服了整流管冲击电流大的缺点，而且当输出电流变化时，因电感内阻很小，所以外特性比较硬。但是与电容滤波器相比，电感滤波和 *LC* 滤波电路输出电压 $\overline{U}_o$ 较低，另一个缺点是采用了电感，使体积和质量都大为增加。

四、π 型滤波电路

π 型滤波电路主要有两种电路形式：π 型 *RC* 滤波电路和 π 型 *LC* 滤波电路。

π 型 *RC* 滤波电路如图 2-14 所示。图中利用电容 C_1 的充放电进行滤波，在 C_1 两端得到比较平滑的电压 U_{C1}。电压 U_{C1} 中包含直流分量和交流分量，通过电阻 R 和电容 C_2 组成分压电路，由于电容 C_2 对于交流分量的阻抗很小，近乎短路，所以负载 R_L 两端电压的纹波要比只有电容 C_1 滤波时减小，RC_2 乘积越大，滤波效果越好。但是对于直流分量来说，因为电阻 R 和负载 R_L 串联分压，使负载 R_L 两端电压也有所减小，电阻 R 越大，输出电压降低越多。因此，在 π 型 *RC* 滤波电路中选择电阻 R 和电容 C_2 必须合适，一般选择要求为：$R \geqslant \frac{1}{\omega C_2}$。电阻 R 的大小可依据式(2-32)来选择：

$$R = \frac{\text{输入电压} - \text{输出电压}}{\text{负载电流}} \tag{2-32}$$

在 π 型 *RC* 滤波电路中，负载电流越大，电阻 R 上的压降就越大，功耗也就越大，所以 π

型 *RC* 滤波电路适用于负载电流较小的场合。

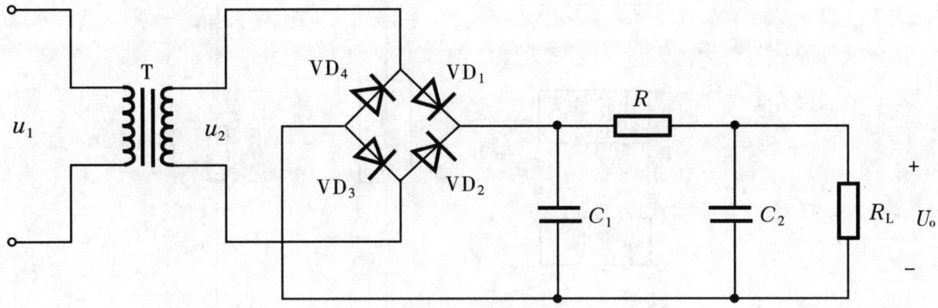

图 2-14　π 型 *RC* 滤波电路

π 型 *LC* 滤波电路如图 2-15 所示。π 型 *LC* 滤波电路和 π 型 *RC* 滤波电路的唯一区别就是用电感 *L* 取代电阻 *R*。由于电感的直流电阻很小，交流阻抗很大，因此 π 型 *LC* 滤波电路可以在不降低输出电压的情况下仍然保持很好的滤波效果。但是，随之而来的缺点是 π 型 *LC* 滤波电路的外特性比较软，另外由于采用了电感，体积和质量都大为增加。

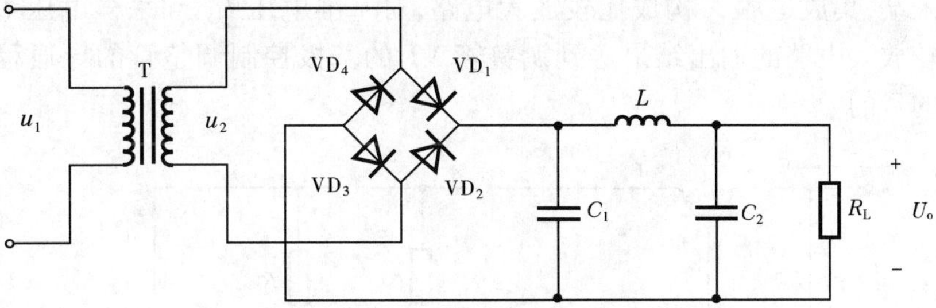

图 2-15　π 型 *LC* 滤波电路

第三节　稳压电路

整流和滤波电路能把交流电压变成直流电压，但转化过来的直流电压脉动成分仍然很大，而且输出的直流电压会随着输入交流电源电压、负载和温度的变化而变化。绝大部分电子电路需要的直流供电是直流稳压供电，这就需要在整流和滤波电路后面增加稳压电路。稳压电路的作用是当输入交流电源电压波动、负载和温度变化时，维持输出直流电压的稳定。根据工作原理的不同，稳压电路可以分为线性稳压电路和开关稳压电路，本节重点讲述线性稳压电路。

一、线性稳压电路

线性稳压电路通过调节调整管的导通程度达到稳压的目的，它由采样电路、调整管、比较放大电路、基准电压电路等部分组成，其组成如图 2-16 所示。由于线性稳压电路的调整管与负载串联，所以线性直流稳压电路也称为串联型稳压电路。

图 2-17 为串联型稳压电路的电路原理图，图中 VT 为调整管，它一直工作在线性放大区，所以称为线性稳压电路。基准电压电路由 R_3 和稳压二极管 VD 组成，为了保证稳压二极管 VD 工作在稳定电压（U_Z）区，流过稳压二极管的工作电流 I_Z 必须满足：$I_{Zmin} < I_Z < I_{Zmax}$，

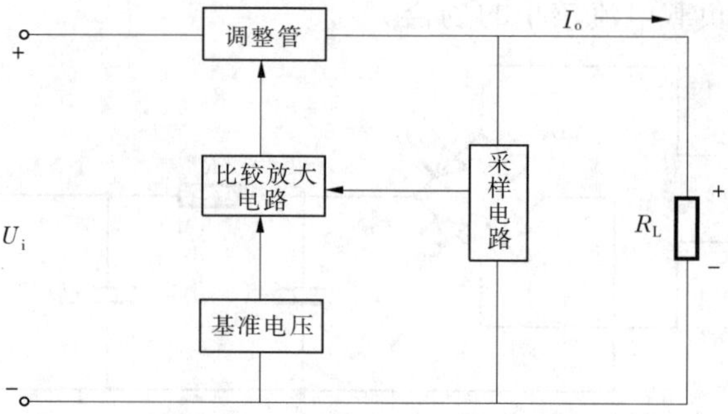

图 2-16　线性直流稳压电路组成

式中 I_{Zmin} 和 I_{Zmax} 分别为稳压二极管的最小工作电流和最大工作电流。采样电路由电阻 R_1、R_2 和电位器 R_W 组成，R_1、R_2 和 R_W 串联实现电阻分压，对输出电压 U_o 进行采样，采样电压的大小为：$U_f = \frac{R_2 + R_{W2}}{R_1 + R_2 + R_W} \cdot U_o$。基准电压 U_Z 和采样电压 U_f 送到集成运放 A 的同相输入端和反相输入端，集成运放 A 构成比较放大电路，对基准电压 U_Z 和采样电压 U_f 的差值进行放大。比较放大电路的输出结果送到调整管 VT 的基极控制调整管的导通程度，达到稳定输出电压的目的。

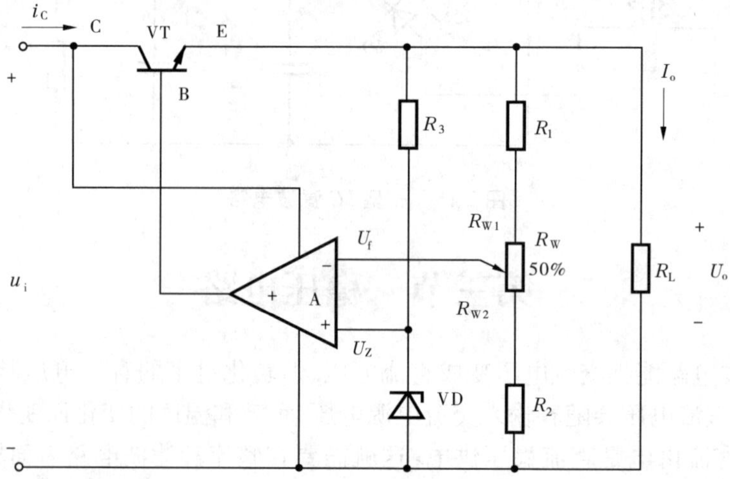

图 2-17　串联型稳压电路的电路原理图

线性稳压电路稳压的过程实质上是一个负反馈的过程，针对不同情况，线性稳压电路稳压的过程介绍如下：

(1)引起输出电压变化的原因是输入交流电源电压波动。

①输入交流电源电压变大的情况：

$$u_i \uparrow \Rightarrow U_o \uparrow \Rightarrow U_f \uparrow (U_Z \text{不变}) \Rightarrow U_B \downarrow \Rightarrow I_B、I_C \downarrow \Rightarrow U_{CE} \uparrow \Rightarrow U_o \downarrow$$

②输入交流电源电压变小的情况：

$$u_i \downarrow \Rightarrow U_o \downarrow \Rightarrow U_f \downarrow (U_Z \text{不变}) \Rightarrow U_B \uparrow \Rightarrow I_B、I_C \uparrow \Rightarrow U_{CE} \downarrow \Rightarrow U_o \uparrow$$

(2)引起输出电压变化的原因是负载变化。

①负载变大的情况：

$R_L\uparrow \Rightarrow U_o\uparrow \Rightarrow U_f\uparrow (U_Z\text{ 不变}) \Rightarrow U_B\downarrow \Rightarrow I_B、I_C\downarrow \Rightarrow U_{CE}\uparrow \Rightarrow U_o\downarrow$

②负载变小的情况：

$R_L\downarrow \Rightarrow U_o\downarrow \Rightarrow U_f\downarrow (U_Z\text{ 不变}) \Rightarrow U_B\uparrow \Rightarrow I_B、I_C\uparrow \Rightarrow U_{CE}\downarrow \Rightarrow U_o\uparrow$

二、集成线性稳压器

集成线性稳压器和分立元件组成的线性稳压器的原理基本相同，它同样包括了调整器件、采样电路、基准电压电路和比较放大电路等部分。集成线性稳压器充分利用了集成技术的特点，使它相对于分立式稳压器具有体积小、成本低、使用方便和性能稳定等优点。常用的集成线性稳压器有三端稳压、五端稳压和多端稳压。另外，根据输出电压，集成线性稳压器可分为固定式及可调式两种形式。

（一）三端固定式集成稳压器

三端固定式集成稳压器有78××和79××两个系列，其中78××系列是输出正电压系列，79××系列是输出负电压系列。三端固定式集成稳压器类似芯片型号：μA78××/79××、LM78××/79××、MC78××/79××、HA78××/79××、μPC78××/79××、NJM78××/79××、TA78××/79××、AN78××/79××、CW78××/79××。78××和79××系列后面两个数字（××）表示集成稳压器输出的标称电压，三端固定式集成稳压器输出标称电压有±5 V、±6 V、±8 V、±9 V、±12 V、±15 V、±18 V和±24 V等档次。三端固定式集成稳压器的额定输出电流以78或79后面所加的字母来区分。其中L表示0.1 A，M表示0.5 A，无字母表示1.5 A，H表示5 A，P表示10 A。例如，78L09表示输出电压为+9 V，额定输出电流为0.1 A；7912表示输出电压为-12 V，额定输出电流为1.5 A。

三端固定式集成稳压器的三个端口分别是输入端、输出端和公共端，公共端的静态电流为8 mA。通常使用时输入端接整流滤波以后的直流电压 U_i，公共端接地，输出端输出稳定的标称电压 U_o。其中 $U_i > U_o$，一般要求输入电压 U_i 比输出电压 U_o 大2～3 V及以上，保证调整管工作在线性放大区。但是压差取得太大，又会增加集成稳压器的功耗。

三端固定式集成稳压器的应用电路主要有如下四种。

1. 输出标称电压

三端固定式集成稳压器输出标称电压电路如图2-18所示。图中电容 C_1 一般情况下可不接，但当集成稳压器远离整流滤波电路时，必须接入。其作用是改善输入电压纹波和抑制输入的过电压，保证集成稳压器的输入输出电压差值不会瞬间超过允许值。电容 C_2 主要起到降低输出电压纹波、输出噪声及负载电流变化的影响。二极管VD起到保护的作用，防止输入短路时电容 C_2 上积存的电荷向稳压器放电。

2. 输出可调电压

三端固定式集成稳压器输出可调电压电路如图2-19所示。

图中电阻 R_1 两端的电压就是三端固定式集成稳压器的标称电压 U_{XX}，流过电阻 R_1 的电流为：$I_1 = I_2 - I_d$，其中 I_d 为公共端静态电流8 mA。根据这些条件可以得出输出电压 U_o 为：$U_o = U_{XX}(1 + R_2/R_1) + I_dR_2$，改变电位器 R_2 的阻值就可以输出可调电压。

3. 构成恒流源

三端固定式集成稳压器构成恒流源电路如图2-20所示。

图中电阻 R 两端的电压就是三端固定式集成稳压器的标称电压 U_{XX}，流过电阻 R 的电

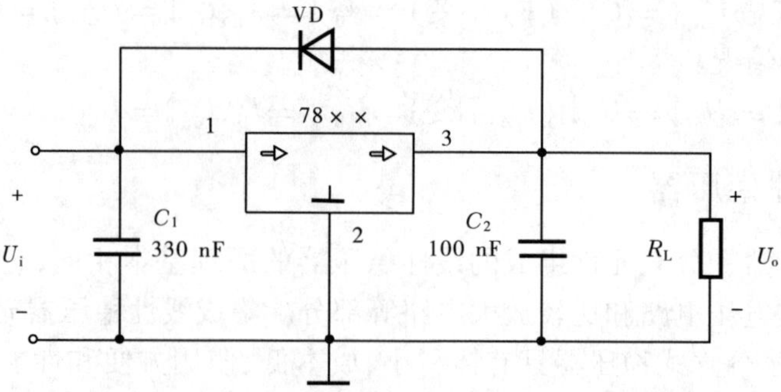

图 2-18　三端固定式集成稳压器输出标称电压

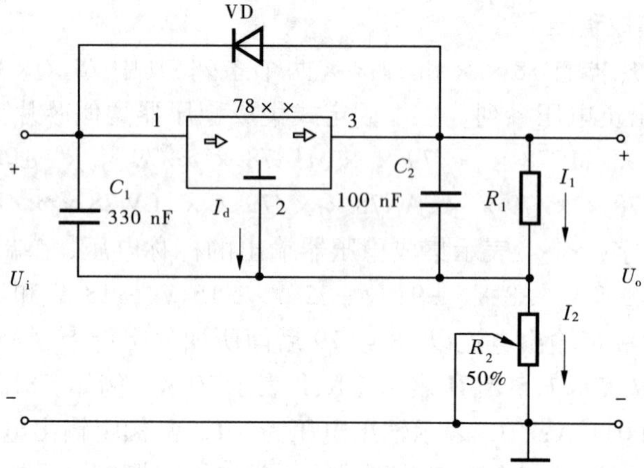

图 2-19　三端固定式集成稳压器输出可调电压

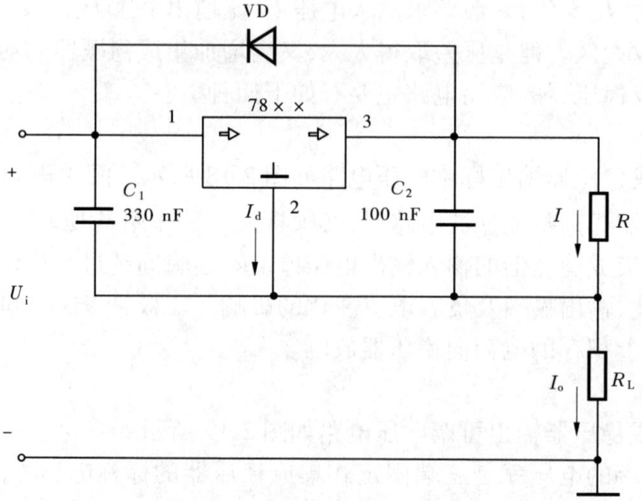

图 2-20　三端固定式集成稳压器构成恒流源

流 $I=\dfrac{U_{XX}}{R}$恒定。另外，公共端静态电流 $I_d=8$ mA，所以流过负载 R_L 的电流 $I_o=I+I_d$ 恒定，这就组成了一个恒流源电路。

4. 输出正负电压

三端固定式集成稳压器 7805 和 7905 输出 ±5 V 电压电路如图 2-21 所示。图中 7805 输出电压：$U_{o1}=+5$ V，7905 输出电压：$U_{o2}=-5$ V。

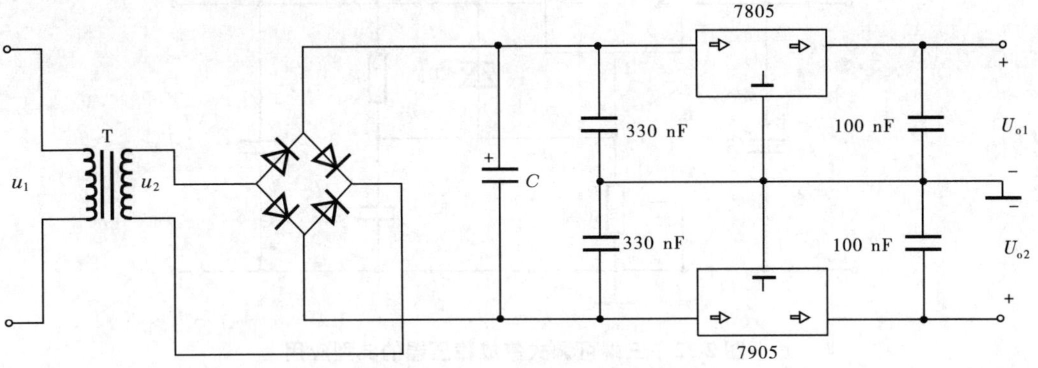

图 2-21　三端固定式集成稳压器输出正负电压

(二)三端可调式集成稳压器

三端可调式集成稳压器是在三端固定式集成稳压器的基础上演变而来的，其典型产品 LM117/LM217/LM317 系列输出正电压，LM137/LM237/LM337 系列输出负电压。同一系列的三端可调式集成稳压器内部电路和工作原理基本相同，不同的是工作温度不一样。与 78×× 系列相比较，LM117/LM217/LM317 系列稳压器的内部电路除基准电压电路外，其他的电路如比较放大器、恒流源偏置电路及保护电路等的原接地端都改接到了输出端。当输入电压为 2～40 V 时，LM117/LM217/LM317 系列稳压器能正常工作，其输出电压可调范围为 1.25～37 V。它的输出端与公共端之间的电压等于内部基准电压 1.25 V，若让公共端直接接地，它就相当于一个输出标称电压为 1.25 V 的三端固定式集成稳压器。LM117/LM217/LM317 系列稳压器最大输出电流 1.5 A，输入稳定度典型值 0.01%，公共端静态电流大约为 50 μA，内含电流限制、过热保护、安全工作区保护电路。其类似芯片型号有 μA117/217/317、SG117/217/317、CW117/217/317 等。

三端可调式集成稳压器的应用主要有以下几个方面。

1. 典型应用

三端可调式集成稳压器的典型应用是指输出电压在 1.25～37 V 连续可调，其电路连接如图 2-22 所示。

图中电容 C_1 的作用是改善输入电压纹波和抑制输入的过电压，保证集成稳压器的输入输出电压差值不会瞬间超过允许值；电容 C_2 的作用是滤除电位器 R_W 产生的纹波，电容 C_3 主要起到降低输出电压纹波、输出噪声及负载电流变化的影响。二极管 VD_1、VD_2 起到保护集成稳压器的作用，二极管 VD_1 防止输入短路时电容 C_2 上积存的电荷向稳压器放电，二极管 VD_2 防止输出短路时电容 C_3 上积存的电荷向稳压器放电。电阻 R_1 和电位器 R_W 组成取样电阻，取样电阻常用的取值组合有 $R_1=120\ \Omega$、$R_W=3.4\ k\Omega$ 或 $R_1=240\ \Omega$、$R_W=68\ k\Omega$ 两种。

三端可调式集成稳压器 LM117/LM217/LM317 系列内部基准电压为 $U_{ref}=1.25$ V，公共端静态电流为 $I_d=50\ \mu A$，其典型应用电路输出电压为：

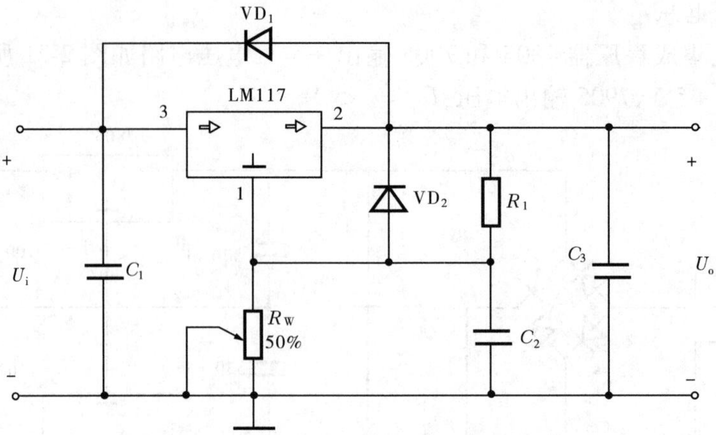

图 2-22　三端可调式集成稳压器的典型应用

$$U_o = 1.25 \times (\frac{R_1 + R_W}{R_1}) + 50 \times 10^{-6} \times R_2 \approx 1.25 \times (\frac{R_1 + R_W}{R_1}) \qquad (2\text{-}33)$$

2. 充电器电路

三端可调式集成稳压器 LM117/LM217/LM317 系列构成充电器电路如图 2-23 所示。其中图 2-23(a)为恒流充电器,充电电流为 50 mA;图 2-23(b)为恒压限流充电器,充电电压为 12 V。

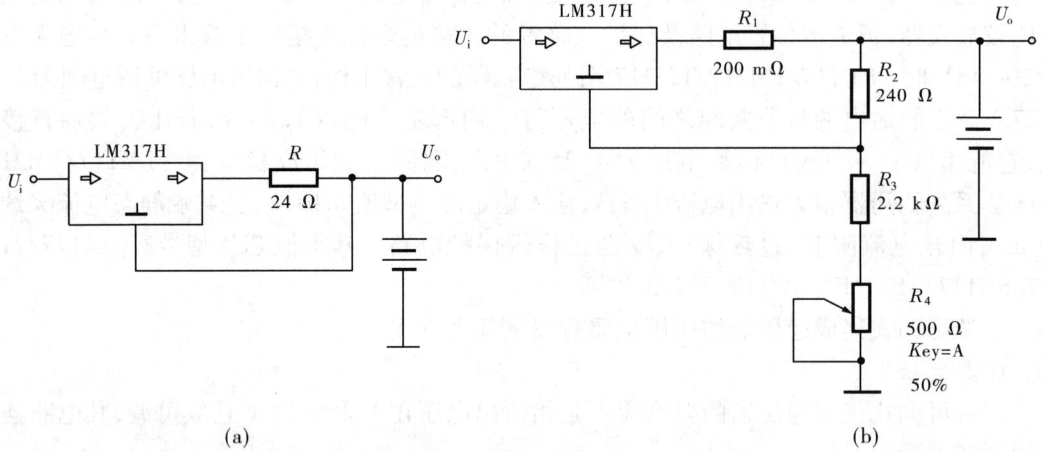

图 2-23　三端可调式集成稳压器构成充电器电路

(三)多端集成稳压器

多端集成稳压器种类繁多,其中比较常用的有 μA723、LWY8/LWY9、W1511、W611、WB705 -724 等。

多端集成稳压器 μA723 可以输出正电压,也可以输出负电压,其输出电流可以达到 150 mA,输出电压调整范围为 2 ~37 V,电流调整率为 0.03%,电压调整率为 0.01%。μA723 有 14 个管脚,其封装形式有塑料封装、陶瓷封装和金属封装等,与其类似的芯片型号有 CW723、LM723、SG723、HA1723、MC1723 及 μPC723 等。

μA723 的典型应用电路(输出 7 ~37 V)如图 2-24 所示,其中电阻 $R_4 = R_1 /\!/ R_2$。输出电

压 U_o 的表达式如下所示：

$$U_o = U_{ref}\frac{R_1 + R_2}{R_2} \tag{2-34}$$

式中　U_{ref}——基准电压，7 V。

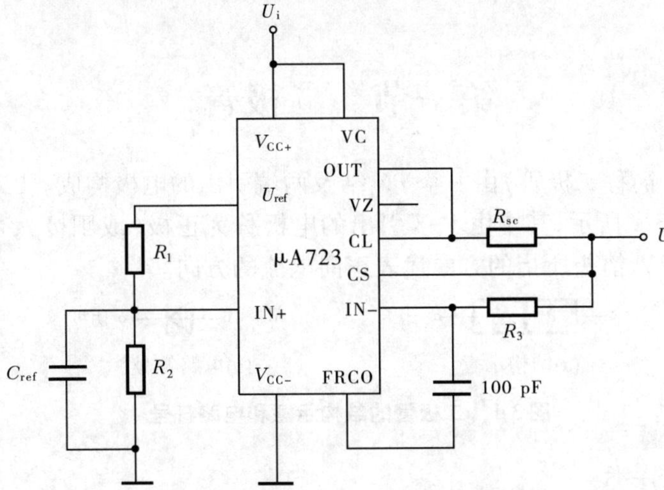

图 2-24　μA723 的典型应用电路

μA723 低压输出（输出 2 ~ 7 V）稳压电源电路如图 2-25 所示，其中电阻 $R_3 = R_1 /\!/ R_2$。输出电压 U_o 的表达式如下所示：

$$U_o = U_{ref}\frac{R_2}{R_1 + R_2} \tag{2-35}$$

式中　符号意义同前。

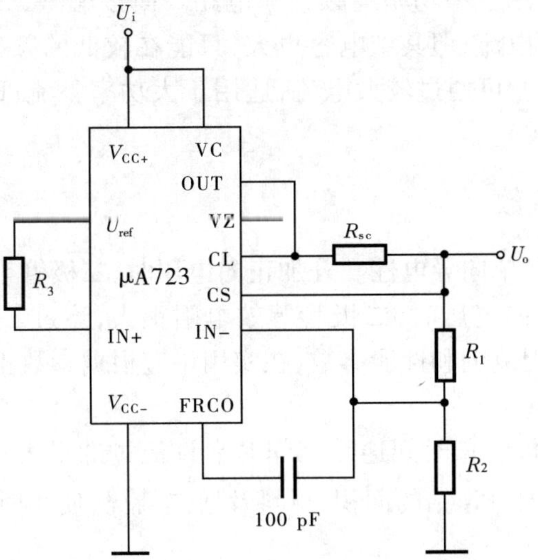

图 2-25　μA723 低压输出稳压电源

第三章　开关电源主要元器件

第一节　二极管

半导体二极管(简称二极管)由一个 PN 结及两端引出的电极构成。二极管的结构示意图和电路符号如图 3-1 所示,其中由 P 区引出的电极称为正极(或阳极),由 N 区引出的电极称为负极(或阴极),箭头所指的方向代表正向电流的方向。

(a)结构示意

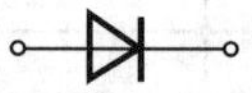

(b)电路符号

图 3-1　二极管的结构示意和电路符号

一、二极管的分类

二极管按照结构、材料、用途及功率大小等,可以分为很多类型。

按所用的半导体材料,二极管可以分为硅二极管、锗二极管、砷化镓二极管等;按照管子的用途,二极管可分为整流二极管、发光二极管、光电二极管、稳压二极管及变容二极管等;按照管芯的结构,二极管可分为点接触型、面接触型及平面型二极管。

点接触型二极管的特点是 PN 结结面积小,不能承受大的正向电流和反向电压,由于结电容很小,所以这类管子适用于小功率高频整流电路。面接触型二极管的特点是 PN 结结面积大,因而能通过较大的电流,但其结电容也大,只能在较低的频率下工作。对于平面型二极管,PN 结结面积较大的,可通过较大电流,适用于大功率整流;PN 结结面积小的,适用于在脉冲数字电路中作开关管。

二、二极管的主要参数

二极管最主要的特性是单向导电性。外加正向电压时,二极管等效电阻很小,流过二极管的正向电流很大;外加反向电压时,二极管等效电阻很大,流过二极管的反向电流很小。每一种二极管都有表征适用范围和性能参数,在实用中应根据参数正确选择及合理使用。

(一)最大整流电流 I_F

最大整流电流 I_F 指二极管长时间连续工作时允许流过的最大正向平均电流。二极管最大整流电流的大小,取决于 PN 结的面积、材料及散热情况,使用时若超过此值,二极管有可能烧坏。

(二)最高反向工作电压 U_{RM}

最高反向工作电压 U_{RM} 指允许加在二极管两端的反向峰值电压,通常规定为反向击穿电压的 1/2 ~ 2/3。

（三）正向压降 U_F

正向压降 U_F 指二极管通过正向电流时阳极和阴极之间的压降。

（四）反向电流 I_R

反向电流 I_R 指二极管未击穿时的反向电流值。其值越小，二极管的单向导电性能越好。

（五）反向击穿电压 U_{BRM}

反向击穿电压 U_{BRM} 指二极管能够承受的最大反向电压值。当二极管所加反向电压超过这个值时，二极管被击穿。

（六）最高工作频率 f_M

最高工作频率 f_M 指保证二极管单向导电作用的最高工作频率。

（七）最高允许结温 T_M

最高允许结温 T_M 指二极管 PN 结所允许的最高工作温度。超过这个温度，二极管会烧坏。

（八）反向恢复时间 t_{rr}

反向恢复时间 t_{rr} 指二极管由导通状态变成截止状态时，从正向电流过零到反向电流下降到最大反向电流的 10% 时所需的时间。

当加在二极管上的偏置电压的极性从正向变成反向时，二极管不能立即关断，而是需要经过一个短暂的时间之后才能重新获得反向阻断的能力，进入关断状态。在关断之前伴随有显著的反向电流和反向电压过冲。这是正向导通时少数载流子在 PN 结两侧存储的结果。二极管关断试验电路和反向恢复过程如图 3-2 所示。

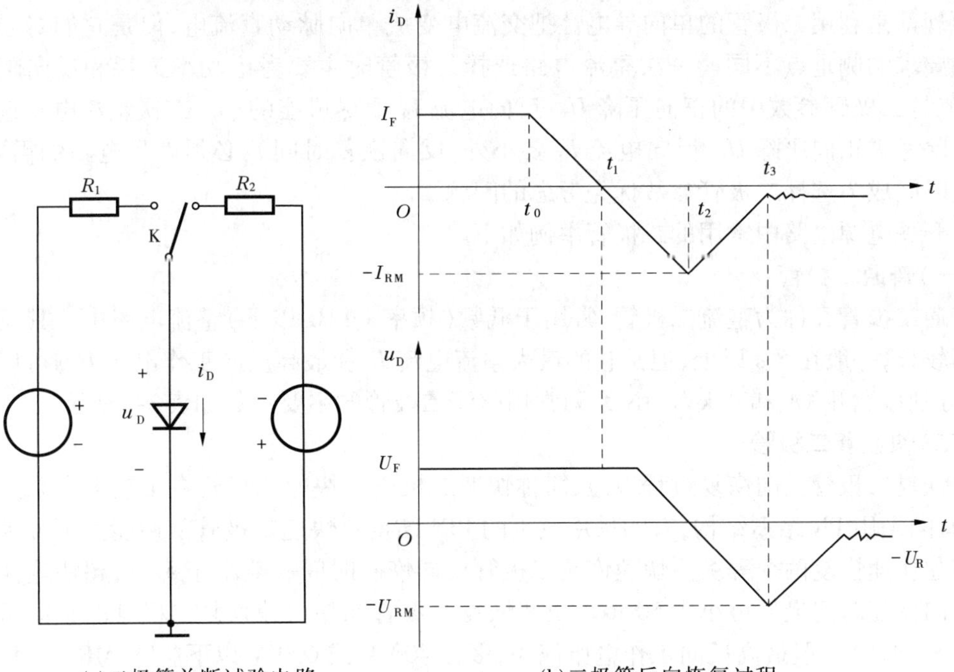

(a)二极管关断试验电路　　(b)二极管反向恢复过程

图 3-2　二极管关断试验电路和反向恢复过程

二极管反向恢复过程分析如下：

(1)当 $t<t_0$ 时，正向电压通过电阻 R_1 加到二极管两端，二极管正向导通，流过二极管的电流 i_D 和两端电压 u_D 分别为 I_F、U_F。

(2)当 $t=t_0$ 时，开关 K 由左边转向右边，反向电压通过电阻 R_2 加到二极管两端。

(3)当 $t_0<t<t_1$ 时，i_D 由 I_F 开始下降，u_D 仍然保持为 U_F。

(4)当 $t=t_1$ 时，流过二极管的电流 $i_D=0$，两端电压 u_D 仍保持不变。

(5)当 $t_1<t<t_2$ 时，i_D 从 0 开始下降。在接近 t_2 的地方 u_D 由 U_F 开始下降，并迅速变为负值。

(6)当 $t=t_2$ 时，$i_D=-I_{RM}$(I_{RM}为反向电流最大值)。

(7)当 $t_2<t<t_3$ 时，i_D 从 $-I_{RM}$开始上升，一直上升到 $-I_{RM}$的 10%。u_D 继续下降，并在降到 $-U_{RM}$后开始上升。

(8)当 $t>t_3$ 时，i_D 产生小振荡，最后稳定。u_D 继续上升直到稳态反向电压 $-U_R$，然后振荡、稳定。

在以上二极管的反向恢复过程分析中，t_1 和 t_3 的时间间隔称为二极管的反向恢复时间，$t_{rr}=t_3-t_1$。

三、二极管在开关电源中的应用

在开关电源中，二极管的主要作用是整流。按照整流电路中交流电的频率，开关电源中的整流电路可以分为一次整流电路(低频整流)和二次整流电路(高频整流)。其中，一次整流电路指的是对市电交流电(频率为 50 Hz 或 60 Hz)进行整流，二次整流电路指的是对高频交流电(频率为几十 kHz 到几百 kHz 甚至更高)进行整流。一次整流电路和二次整流电路的原理都是利用二极管的单向导电性把交流电变成单向脉动直流电，但是它们对二极管参数的要求的侧重点不同。一次整流电路选择二极管时主要考虑功率损耗和反向阻断能力，也就是二极管参数中的正向压降 U_F、反向电流 I_R 要尽可能的小。二次整流电路选择二极管时除考虑正向压降 U_F、反向电流 I_R 要小外，反向恢复时间 t_{rr}必须满足电路的需要，反向恢复时间成为选择二极管参数优先考虑的问题。

在开关电源电路中常用的二极管举例如下。

(一)普通二极管

普通二极管又称为整流二极管，常用于低频(频率 1 kHz 以下)整流电路中。其反向恢复时间较长，一般在 5 s 以上，但是它的最大整流电流 I_F 和最高反向工作电压 U_{RM}可以达到很高，分别可达几 kA 和几 kV。IN 系列常用整流二极管的主要参数如表 3-1 所示。

(二)快恢复二极管

快恢复二极管反向恢复过程很短，简称快速二极管。快速二极管在工艺上多采用掺金措施，有的采用 PN 结型结构，有的采用改进的 PIN 结构。快速二极管从性能上可分为快速恢复和超快速恢复两个等级。快速恢复二极管反向恢复时间一般小于 5 μs，超快速恢复二极管反向恢复时间最低可小于 50 ns。快速恢复二极管和超快速恢复二极管的正向压降一般为 0.8～1.2 V，但最高反向工作电压偏小，多在 400 V 或 600 V 以下。IN、MR、MUR 系列快恢复二极管的主要参数如表 3-2 所示。

表 3-1　IN 系列常用整流二极管的主要参数

<table>
<tr><th>型号</th><th>反向工作峰值电压 U_{RM}(V)</th><th>额定正向整流电流 I_F(A)</th><th>正向不重复浪涌电流 I_{FSM}(A)</th><th>正向压降 U_F(V)</th><th>反向电流 I_R(μA)</th><th>工作频率 f(kHz)</th><th>外形</th></tr>
<tr><td>IN4000</td><td>25</td><td rowspan="8">1</td><td rowspan="8">30</td><td rowspan="8">≤1</td><td rowspan="8"><5</td><td rowspan="8">3</td><td rowspan="8">DO-41</td></tr>
<tr><td>IN4001</td><td>50</td></tr>
<tr><td>IN4002</td><td>100</td></tr>
<tr><td>IN4003</td><td>200</td></tr>
<tr><td>IN4004</td><td>400</td></tr>
<tr><td>IN4005</td><td>600</td></tr>
<tr><td>IN4006</td><td>800</td></tr>
<tr><td>IN4007</td><td>1 000</td></tr>
<tr><td>IN5100</td><td>50</td><td rowspan="9">1.5</td><td rowspan="9">75</td><td rowspan="9">≤1</td><td rowspan="9"><5</td><td rowspan="9">3</td><td rowspan="18">DO-15</td></tr>
<tr><td>IN5101</td><td>100</td></tr>
<tr><td>IN5102</td><td>200</td></tr>
<tr><td>IN5103</td><td>300</td></tr>
<tr><td>IN5104</td><td>400</td></tr>
<tr><td>IN5105</td><td>500</td></tr>
<tr><td>IN5106</td><td>600</td></tr>
<tr><td>IN5107</td><td>800</td></tr>
<tr><td>IN5108</td><td>1 000</td></tr>
<tr><td>IN5200</td><td>50</td><td rowspan="9">2</td><td rowspan="9">100</td><td rowspan="9">≤1</td><td rowspan="9"><10</td><td rowspan="9">3</td></tr>
<tr><td>IN5201</td><td>100</td></tr>
<tr><td>IN5202</td><td>200</td></tr>
<tr><td>IN5203</td><td>300</td></tr>
<tr><td>IN5204</td><td>400</td></tr>
<tr><td>IN5205</td><td>500</td></tr>
<tr><td>IN5206</td><td>600</td></tr>
<tr><td>IN5207</td><td>800</td></tr>
<tr><td>IN5208</td><td>1 000</td></tr>
<tr><td>IN5200</td><td>50</td><td rowspan="9">3</td><td rowspan="9">150</td><td rowspan="9">≤0.8</td><td rowspan="9"><10</td><td rowspan="9">3</td><td rowspan="9">DO-27</td></tr>
<tr><td>IN5201</td><td>100</td></tr>
<tr><td>IN5202</td><td>200</td></tr>
<tr><td>IN5203</td><td>300</td></tr>
<tr><td>IN5204</td><td>400</td></tr>
<tr><td>IN5205</td><td>500</td></tr>
<tr><td>IN5206</td><td>600</td></tr>
<tr><td>IN5207</td><td>800</td></tr>
<tr><td>IN5208</td><td>1 000</td></tr>
</table>

表 3-2　IN、MR 系列快恢复二极管的主要参数

型号	反向峰值电压 $U_{RM}(V)$	额定正向整流电流 $I_F(A)$	正向不重复浪涌电流 $I_{FSM}(A)$	反向恢复时间 $t_{rr}(\mu s)$
IN4933	50	1.0	30	0.2
IN4934	100			
IN4935	200			
IN4936	400			
IN4937	600			
MR820	50	5.0	300	0.2
MR821	100			
MR822	200			
MR824	400			
MR826	600			
MUR805	50	8.0	100	0.06
MUR810	100			
MUR815	150			
MUR820	200			
MUR840	400			
MUR850	500			
MUR860	600			

(三)肖特基二极管

肖特基二极管是用金属与半导体接触形成的金属－半导体结原理制作的,因此肖特基二极管也称为金属－半导体(接触)二极管或表面势垒二极管。其最显著的优点为反向恢复时间极短(可以小到几纳秒),正向导通压降仅 0.4 V 左右。但是,肖特基二极管的不足之处是最高反向工作电压很低,一般在 100 V 以下。IN 系列肖特基二极管的主要参数如表 3-3 所示。

表 3-3　IN 系列肖特基二极管的主要参数

型号	反向峰值电压 $U_{RM}(V)$	额定正向整流电流 $I_F(A)$	正向不重复浪涌电流 $I_{FSM}(A)$	最大正向压降 $U_F(V)$	反向恢复时间 $t_{rr}(ns)$	外形
IN5817	20	1.0	25	0.45	10	DO－41
IN5818	30			0.55		
IN5819	40			0.60		
IN5820	20	3.0	80	0.475		
IN5821	30			0.500		
IN5822	40			0.525		
IN5823	20	5.0	500	0.38		
IN5824	30					
IN5825	40					

第二节　双极型三极管

双极型三极管又称为晶体三极管,简称晶体管,因为它有自由电子和空穴两种载流子同时参与导电,因此称为双极型三极管。根据结构的不同,双极型三极管有 NPN 和 PNP 两种类型,其电路符号如图 3-3 所示。双极型三极管有三种不同的工作状态,即饱和状态、放大状态和截止状态,在开关电源电路中作为开关来使用的晶体管工作在截止和饱和状态。双极型三极管是电流控制型开关器件。当基极有驱动电流时,晶体管工作在饱和状态,等效于开关的导通;当基极没有驱动电流时,晶体管工作在截止状态,等效于开关的关断。

(a)NPN　(b)PNP

图 3-3　双极型三极管的电路符号

一、双极型三极管的开关过程

假定双极型三极管是一个理想的开关元件,其饱和状态等效于开关的闭合,截止状态等效于开关的断开,开关是闭合还是断开主要取决于双极型三极管基极与发射极之间的电压 U_{BE}。当 $U_{BE}>0$ 时,双极型三极管工作在饱和状态,等效于开关闭合;当 $U_{BE}\leqslant 0$ 时,双极型三极管工作在截止状态,等效于开关断开。

但在实际问题中,双极型三极管并非理想的开关元件,它从截止状态变为饱和状态有一个开通过程,需要一定的时间,从饱和状态变为截止状态有关断过程,也需要时间。饱和状态时,三极管集电极电流 I_C 受外接负载影响,管子本身有饱和压降 U_{CES};截止状态时,三极管集电极和发射极之间有漏电流 I_{CEO}。三极管的 U_{CES} 和 I_{CEO} 越小,其功耗就越小,则该三极管就越适合作为开关管。

双极型三极管的开关过程如图 3-4 所示。其中,从截止状态变为饱和状态需要的时间称为开通时间(t_d+t_r),从饱和状态变为截止状态需要的时间称为关断时间($t_{stg}+t_f$),开通时间和关断时间简称开关时间。

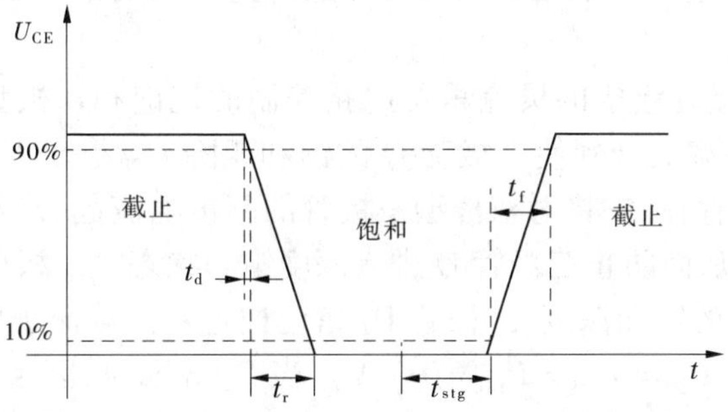

图 3-4　双极型三极管的开关过程

(1) t_d 为延迟时间,指的是从有基极电流开始到 U_{CE}降到其截止状态时对应的值的90%的时间间隔。它产生的原因是基极电流向发射结电容充电需要一个过程,发射结正偏电压需要逐步建立。选用结电容小的器件或增加基极电流加快充电,可以减少延迟时间 t_d。

(2) t_r 为管压降下降时间,指的是 U_{CE}从其截止状态时对应的值的 90% 降到 10% 所需的时间。它产生的原因是积累基区载流子需要时间,增加基极电流或选用放大倍数大的管子,可以减少管压降下降时间 t_r。

(3) t_{stg}为存储时间,指的是从基极电流反向时刻开始到 U_{CE}为其截止状态时对应的值的10% 的时间间隔。它产生的原因是基区过剩存储电荷抽走需要时间。过剩存储电荷的多少取决于饱和深度,饱和深度越深,过剩存储电荷越多,存储时间越大。减少存储时间 t_{stg}最好的办法是使开关管导通时管子工作在临界饱和状态或增大管子基极反向电流。

(4) t_f 为管压降上升时间,指的是 U_{CE} 从其截止状态时对应的值的 10% 上升到 90% 所需的时间。它产生的原因是基区电荷的继续抽走和管内载流子复合需要时间,要减小 t_f 也可以采用增大基极反向电流的办法。

四个时间中存储时间 t_{stg} 最长,可达微秒数量级,它是影响开关电源频率的主要因素。减少存储时间 t_{stg}可提高双极型三极管的开关速度,进而提高开关电源的频率。利用三极管的抗饱和技术,可使开关管导通时管子工作在临界饱和状态,达到减少存储时间的目的。

二、双极型三极管的抗饱和技术

为了减少存储时间 t_{stg}以提高三极管的开关速度,常在双极型三极管上增加控制环节使管子导通时工作在临界饱和状态,这就是双极型三极管的抗饱和技术。临界饱和区是指深度饱和区与线性区之间的区域,对应三极管输出特性曲线中开始弯曲的部分。在临界饱和区,电流增益开始下降,但三极管仍保持发射结正偏、集电结反偏的状态,这要比把深度饱和导通的三极管(发射结正偏、集电结正偏)转为关断状态容易得多、快得多。双极型三极管的抗饱和技术就是增加控制环节限制三极管导通时的饱和深度的技术。

图 3-5(a)为肖特基二极管(SBD)控制的抗饱和双极型三极管(BJT),这种抗饱和双极型三极管称为肖特基二极管箝位晶体管(SCT)。当双极型三极管 T 进入饱和状态后,其集电结正偏,则和它并接的肖特基二极管也正偏。肖特基二极管的导通压降只有约 0.4 V,要比一般硅 PN 结的导通压降约小 0.3 V。由于肖特基二极管的导通,它将对双极型三极管 T 的基极电流起分流作用,使得三极管集电结上的电压始终被箝位在肖特基二极管的导通压降(约 0.4 V)上。这就避免了双极型三极管导通时进入深度饱和状态,从而减少了存储时间 t_{stg},提高了开关速度。

图 3-5(b)为由二极管组成的贝克箝位电路控制的抗饱和双极型三极管。当双极型三极管 Q 导通时,基极电流上升到使三极管 Q 的饱和压降 U_{CE}小于 U_{bE}时,二极管 D_1 开始导通。由于二极管 D_1 的存在,它将对双极型三极管的基极电流起分流作用,阻止了三极管的基极电流进一步增加,从而防止三极管 Q 进入深度饱和状态。二极管 D_2 和 D_3 用来调整基极电流,改变三极管 Q 的饱和深度,二极管 D_4 搭建抽走基区载流子的通道。如果二极管和三极管都是硅管($U_{D1}=U_{D2}=U_{D3}=U_{bE}=0.7$ V),当 D_1 导通时,因为 $U_{D1}+U_{CE}=U_{D2}+U_{D3}+U_{bE}$,所以双极型三极管的导通压降 $U_{CE}=1.4$ V。如果去掉二极管 D_3,则双极型三极管的导通压降变为 $U_{CE}=0.7$ V。

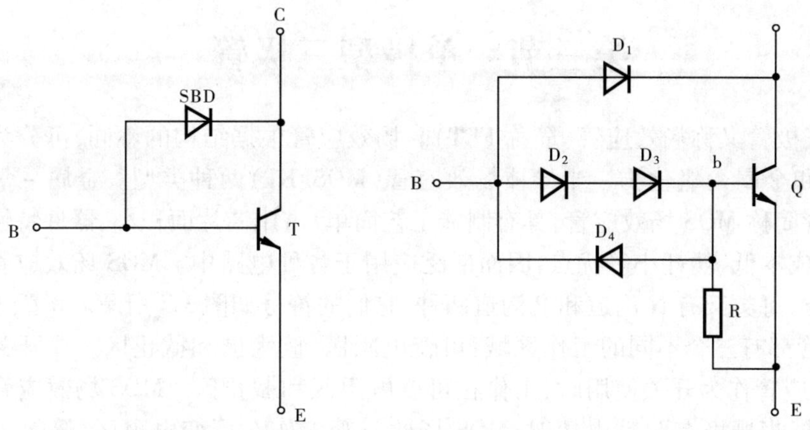

(a)肖特基二极管箝位晶体管　　(b)贝克箝位抗饱和晶体管

图 3-5　抗饱和双极型三极管

三、双极型三极管的安全工作区

安全工作区表示双极型三极管允许工作的区域,这个区域的形状及范围和双极型三极管的型号有关。若双极型三极管工作在安全工作区内,它不会损坏,其性能不会退化,具有高度可靠性。安全工作区是电路设计人员设计电路时选择器件的重要依据。双极型三极管的安全工作区如图 3-6 所示,它是由最大集电极电流 I_{CM}、最大管耗 P_{CM}、集电极发射极允许最大电压 $U_{(BR)CEO}$及二次击穿曲线组成的闭合区域。

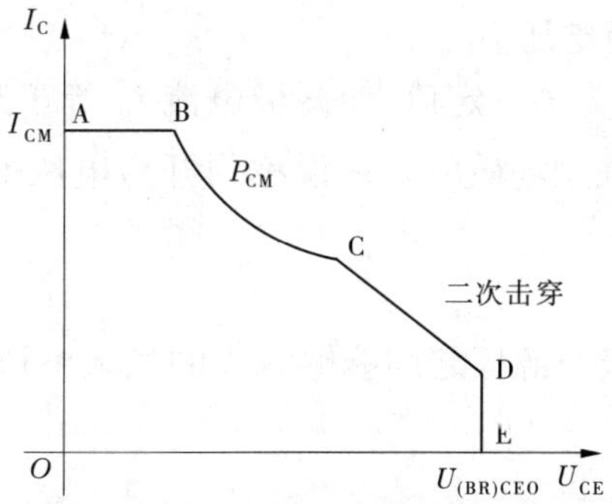

图 3-6　双极型三极管的安全工作区

直线 AB 对应的电流为双极型三极管所允许的最大集电极电流,在直线 AB 下方为安全工作区域。直线 DE 对应的电压为双极型三极管集电极、发射极之间所允许的最大电压,在直线 DE 左边为安全工作区域。曲线 BC 表示双极型三极管所允许的最大管耗,在曲线下方为安全工作区域。直线 CD 表示双极型三极管二次击穿临界线,在直线左侧为安全工作区域。二次击穿和热击穿有不同的地方,二次击穿发生时,晶体管整体温度并无明显升高现象,但对二次击穿的器件解剖后,常可在芯片中发现范围很小的局部熔化痕迹。这表明二次击穿与过热有关。二次击穿产生的原因与集电极电流在器件中的不均匀分布及其随着温度的升高而增大的正温度系数特性有关。由于二次击穿的存在,双极型三极管的安全工作区域变小了。

第三节　单极型三极管

单极型三极管又称场效应管(简称 FET)。场效应管根据结构的不同,可分为结型场效应管(JFET)和金属－氧化物－半导体场效应管(MOSFET)两种类型。金属－氧化物－半导体场效应管简称 MOS 场效应管,具有制造工艺简单、占用芯片面积小、器件特性便于控制及成品率高、成本低、功耗小等优点,因而广泛应用于各种电路中。MOS 场效应管有增强型和耗尽型两类,每类又有 N 沟道和 P 沟道两种,它们的符号如图 3-7 所示。增强型或耗尽型 MOS 场效应管都有三个不同的工作区域:可变电阻区、放大区和截止区。在开关电源电路中,MOS 场效应管作为开关使用时,工作在可变电阻区和截止区。MOS 场效应管是电压控制型开关器件,当栅极有驱动电压时,MOS 场效应管工作在可变电阻区,等效于开关的导通,当栅极没有驱动电压时,MOS 场效应管工作在截止区,等效于开关的关断。

(a)N沟道增强型　(b)P沟道增强型　(c)N沟道耗尽型　(d)P沟道耗尽型

图 3-7　MOS 场效应管电路符号

一、MOS 场效应管的主要参数

(一)开启电压 $U_{GS(th)}$ 和夹断电压 $U_{GS(off)}$

漏极与源极之间的电压 U_{DS} 为某一定值,使漏极电流 i_D 等于某一微小电流时栅极与源极之间所加的电压 U_{GS},对于增强型场效应管来说称为开启电压 $U_{GS(th)}$,对于耗尽型场效应管来说称为夹断电压 $U_{GS(off)}$。

(二)漏源击穿电压 $U_{(BR)DS}$

漏源击穿电压 $U_{(BR)DS}$ 指漏极与源极之间能够承受的最大电压,这个电压决定了器件的最高工作电压。

(三)直流输入电阻 R_{GS}

栅极与源极之间所加的电压 U_{GS} 与由它引起的栅极电流 I_G 的比值,叫做直流输入电阻 R_{GS}。

(四)导通电阻 $R_{DS(on)}$

场效应管的导通电阻 $R_{DS(on)}$ 相当于双极型三极管的饱和电阻,它是一个非常重要的参数,它的大小决定了管子的损耗。决定导通电阻 $R_{DS(on)}$ 的主要因素有两个:沟道电阻和漂移区电阻。减少沟道电阻的主要途径是提高单位管芯面积的沟道宽长比,改变管子的几何尺寸和几何结构可以改变漂移区电阻。

(五)跨导 g_m

跨导 g_m 指 U_{DS} 为某定值时,漏极电流的微变量和引起这个变化的栅源电压微变量之比。跨导 g_m 反映了栅源电压 U_{GS} 对漏极电流 i_D 的控制能力。

（六）最高工作频率 f_m

在漏极和源极电压 U_{DS} 的作用下，多数载流子从场效应管的源极通过沟道到漏极是需要一定的时间的。当控制信号的周期与此时间相当时，多数载流子就来不及跟随信号变化，这个信号的频率就是场效应管的最高工作频率。

（七）最大耗散功率 P_{DM}

P_{DM} 指允许耗散在管子上的最大功率，其大小受管子最高工作温度限制。

二、MOS 场效应管的主要特点

（一）高输入阻抗和低电平驱动

MOS 场效应管的输入阻抗通常都在 $10^7\ \Omega$ 以上，而其阈值电压一般为 2～4 V，所以需要的直流驱动电流很小（微安数量级）。MOS 场效应管的驱动可以直接使用 CMOS 电路或集电极开路的 TTL 电路，驱动电路简单。

（二）开关速度快

MOS 场效应管只有多数载流子参与导电，不存在少数载流子存储效应，因此其关断过程是迅速的，不会出现反向电流及相应的反向恢复时间。一般低压器件开关时间为 10 ns 数量级，高压器件为 100 ns 数量级。

（三）安全工作区域宽

MOS 场效应管的通态压降随着温度的上升而增大，而晶体三极管的通态电阻随着温度的上升而减小，正是这个差异使得场效应管不存在由热电反馈引起的二次击穿。导致这个差异的根本原因是这两种器件的工作载流子性质不同。二次击穿现象的消失，使得 MOS 场效应管的安全工作区域变大。

（四）并联使用

MOS 场效应管的电流容量相比晶体三极管要小得多，为了满足电流的需求，常常需要并联使用以增加电流容量。由于 MOS 场效应管不存在热电反馈二次击穿问题，且导通电阻 $R_{DS(on)}$ 具有正的温度系数，这使并联中的 MOS 场效应管中各管能“自动”地合理分配电流。因此，多个器件可直接并联，而不像晶体三极管并联使用时需要增加均流电阻、内部网络匹配及额外的保护装置那样复杂。在选择并联管时，要注意选择导通电阻 $R_{DS(on)}$ 尽量一致的管子。因为 MOS 场效应管导通电阻 $R_{DS(on)}$ 的温度系数并不是很大，若并联管子之间的导通电阻 $R_{DS(on)}$ 相差太大，管子之间的均流作用会导致管芯的温差过大，这不利于 MOS 场效应管的并联运行。

三、MOS 场效应管应用注意事项

（1）由于 MOS 场效应管的栅极与源极之间的硅氧化层比较容易被击穿，如果两个电极之间所加的电压超过给定值，则管子会永久损坏。这个给定值就是 MOS 场效应管的栅源击穿电压，这个电压一般是 20～30 V。所以，MOS 场效应管的驱动电压一般不能超过 15 V，而且驱动信号线要用双绞线。另外，应尽量减少引脚接线的长度，如果实在无法减少，可以用小磁环或一个小电阻和 MOS 场效应管的栅极串联。

（2）为了防止 MOS 场效应管受静电放电的损害而失效，需要注意以下一些事项：

①MOS 器件出厂时通常装在黑色的导电泡沫塑料袋中，切勿自行随便拿个塑料袋装。

也可用细铜线把各个引脚连接在一起，或用锡纸包装。

②取出的 MOS 器件不能在塑料板上滑动，应用金属盘来盛放待用器件。

③焊接用的电烙铁必须良好接地。

④在焊接前，应把电路板的电源线与地线短接，在 MOS 器件焊接完成后再分开。

⑤MOS 器件各引脚的焊接顺序是漏极、源极、栅极，拆机时顺序相反。

⑥电路板在装机之前，要用接地的线夹子去碰一下机器的各接线端子，再把电路板接上去。

⑦MOS 场效应晶体管的栅极在允许条件下，最好接入保护二极管。在检修电路时应注意查证原有的保护二极管是否损坏。

第四节　绝缘栅双极型晶体管

MOS 场效应管是单极型（N 沟道 MOSFET 中仅自由电子导电、P 沟道 MOSFET 中仅空穴导电）电压控制型开关器件，其通、断驱动功率很小，开关速度快；但通态压降大，电流容量小，难以成为高压大电流开关器件。晶体三极管是双极型（自由电子、空穴两种载流子都参与导电）电流控制型开关器件，其通、断驱动功率大，开关速度慢；但通态压降低，电流容量大，可成为较高电压和较大电流的开关器件。为了兼有这两种器件的优点，弃其缺点，20 世纪 80 年代中期出现了将两种开关器件相结合的新一代半导体电力开关器件——绝缘栅双极型晶体管（IGBT）。它是一种复合器件，其输入控制部分为 MOS 场效应管，输出部分为晶体三极管，因此兼有 MOS 场效应管和晶体三极管的优点，即高输入阻抗，电压控制，驱动功率小，开关速度快，工作频率可达到 10 ~ 40 kHz（比晶体三极管高，比 MOS 场效应管低），饱和压降低（比 MOS 场效应管小得多，与晶体三极管相当），电压、电流容量较大，安全工作区域宽。

一、绝缘栅双极型晶体管的工作原理

绝缘栅双极型晶体管的等效电路和符号如图 3-8 所示。IGBT 也有 3 个电极：栅极 G，发射极 E 和集电极 C。输入部分是一个 MOSFET 管，图中 R_nN 表示沟道 MOS 场效应管的等效调制电阻，输出部分为一个 PNP 晶体三极管。

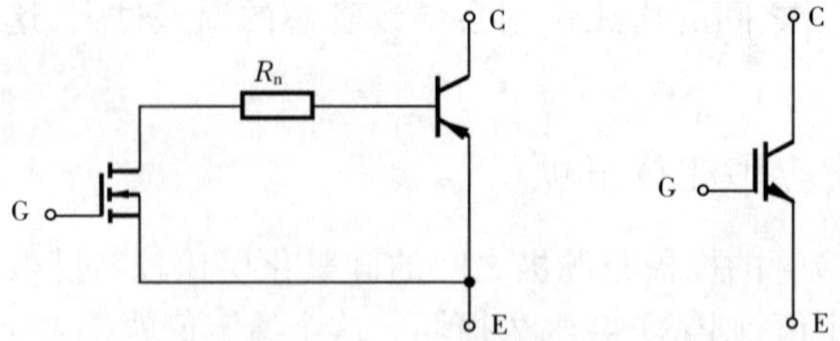

(a)等效电路　　(b)电路符号

图 3-8　IGBT 的等效电路和符号

当栅极 G 与发射极 E 之间外加电压 $U_{GE} \leqslant U_{GE(th)}$ 时，MOS 场效应管内没有形成导电沟道，其调制电阻 R_n 可视为无穷大，此时 PNP 晶体三极管集电极电流 $I_C = 0$，IGBT 处于断态。

在栅极 G 与发射极 E 之间外加控制电压 $U_{GE} > U_{GE(th)}$ 时，可以改变 MOS 场效应管导电沟道的宽度，从而改变调制电阻 R_n，相当于改变了 PNP 晶体三极管的基极电流，控制了 IGBT 的集电极电流 I_C。当 U_{GE} 足够大（例如 15 V）时，则 PNP 晶体三极管工作在饱和状态，IGBT 进入通态。一旦撤除 U_{GE}，则 MOS 场效应管从通态转入断态，PNP 晶体三极管由饱和状态变为截止状态，IGBT 从通态转入断态。

二、绝缘栅双极型晶体管的基本特性

（一）输出特性

输出特性指的是当 U_{GE} 为一定值时，集电极电流 I_C 与集电极、发射极电压 U_{CE} 之间的函数关系，即 $I_C = f(U_{CE})$。IGBT 输出特性如图 3-9（a）所示，当 $U_{CE} > 0$ 而 $U_{GE} < U_{GE(th)}$ 时，IGBT 工作在正向阻断状态，此时沟道还没有形成，IGBT 只有很小的集电极漏电流流过。当 $U_{CE} > 0$ 且 $U_{GE} > U_{GE(th)}$ 时，沟道形成。其中在线性工作区Ⅰ，U_{CE} 增大，I_C 增大。在饱和工作区Ⅱ，对于一定的 U_{GE}，U_{CE} 增大，I_C 不再随 U_{CE} 而增大。当 $U_{CE} < 0$ 时，IGBT 工作在反向阻断状态。

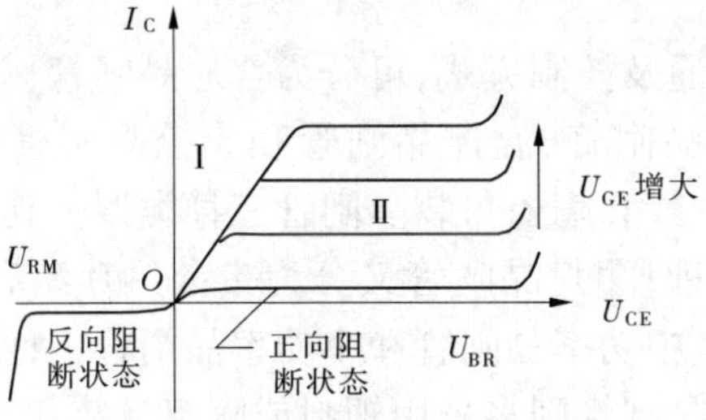

(a)输出特性

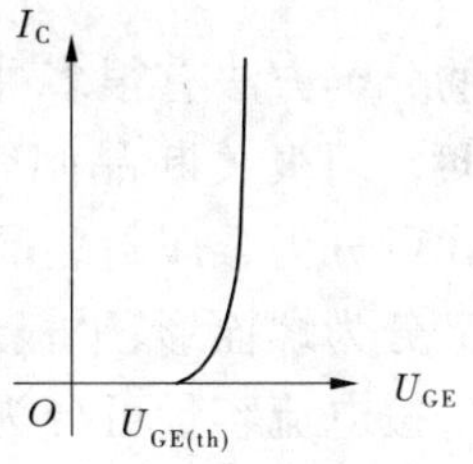

(b)转移特性

图 3-9　IGBT 的输出特性和转移特性

（二）转移特性

IGBT 的转移特性是指输出集电极电流 I_C 与栅极、发射极电压 U_{GE} 之间的关系曲线。IGBT 转移特性如图 3-9（b）所示，当 U_{GE} 小于开启阈值电压 $U_{GE(th)}$ 时，导电沟道没有形成，因此 IGBT 处于断态。当 U_{GE} 大于开启阈值电压 $U_{GE(th)}$ 后，随着 U_{GE} 的增大，I_C 显著上升。实际运行中，外加电压 U_{CE} 的最大值一般不超过 15 V，以限制集电极电流 I_C 不超过 IGBT 管的允许最大集电极电流 I_{CM}。IGBT 在额定电流时的通态压降一般为 1.5 ~ 3 V，其通态压降常在其电流较大（接近额定值）时具有正的温度系数（I_C 增大时，管压降增大），因此在几个 IGBT 并联使用时，IGBT 器件具有自动调节电流均流的能力，这就使多个 IGBT 易于并联使用。

（三）动态特性

IGBT 在开通过程中，大部分时间是作为 MOS 场效应管来运行的。IGBT 的开通时间由 4 个部分组成，开通延迟时间 $t_{d(on)}$ 是外加栅极脉冲由负变正，到栅极、发射极电压充电到开启阈值电压 $U_{GE(th)}$ 的时间。电流上升时间 t_{ri} 指的是集电极电流从 0 开始上升，到 90% 稳态值的时间。下降时间由 t_{fe1} 和 t_{fe2} 组成，t_{fe1} 是 MOS 场效应管工作时漏源电压下降时间，t_{fe2} 是 MOS 场效应管和 PNP 晶体管同时工作时漏源电压下降时间，因此 IGBT 的开通时间为：$t_{on} = t_{d(on)} + t_{ri} + t_{fe1} + t_{fe2}$。

IGBT 关断时，在外加栅极反向电压作用下，MOS 场效应管输入电容放电，内部 PNP 晶体管仍然导通，在最初阶段，存在关断的延迟时间 $t_{d(off)}$ 和集电极、发射极电压 U_{CE} 的上升时间 t_{rv}，这两个时间由 IGBT 中的 MOS 场效应管决定。IGBT 关断时，电流波形分为 t_{f1} 和 t_{f2} 两部分，其中 t_{f1} 由 MOS 场效应管决定，对应于 MOS 场效应管的关断过程；t_{f2} 由 PNP 晶体管中存储电荷所决定。因为在 t_{f1} 末尾 MOS 场效应管已关断，IGBT 又无反向电压，体内的存储电荷难以被迅速消除，所以漏极电流有较长的下降时间。IGBT 关断时间为：$t_{off}=t_{d(off)}+t_{rv}+t_{f1}+t_{f2}$。

第五节　晶闸管

晶闸管也叫硅可控整流器件，常简称为可控硅。普通晶闸管是一种具有三个 PN 结的四层结构的大功率半导体器件。目前，晶闸管的派生器件很多，如双向晶闸管、可关断晶闸管和光控晶闸管等。晶闸管在电子电路中应用非常广泛，它不仅能用来进行可控整流，还可以当做开关以快速导通或关断，实现将直流电变成交流电的逆变。

一、晶闸管的分类和结构

晶闸管的分类方法有很多种：按其关断、导通及控制方式，可分为普通晶闸管、双向晶闸管、逆导晶闸管、门极关断晶闸管（GTO）、BTG 晶闸管、温控晶闸管和光控晶闸管等多种。按其封装形式可分为金属封装晶闸管、塑封晶闸管和陶瓷封装晶闸管三种类型。其中，金属封装晶闸管又分为螺栓形、平板形、圆壳形等多种；塑封晶闸管又分为带散热片型和不带散热片型两种。按电流容量可分为大功率晶闸管、中功率晶闸管和小功率晶闸管三种。通常，大功率晶闸管多采用金属壳封装，而中、小功率晶闸管则多采用塑封或陶瓷封装。

普通晶闸管是 P 型半导体和 N 型半导体交叠组成的四层 PNPN 结构，共有三个 PN 结，引出的三个电极分别是阳极 A、阴极 K 和门极（控制极）G。普通晶闸管的结构模型和电路符号如图 3-10 所示。

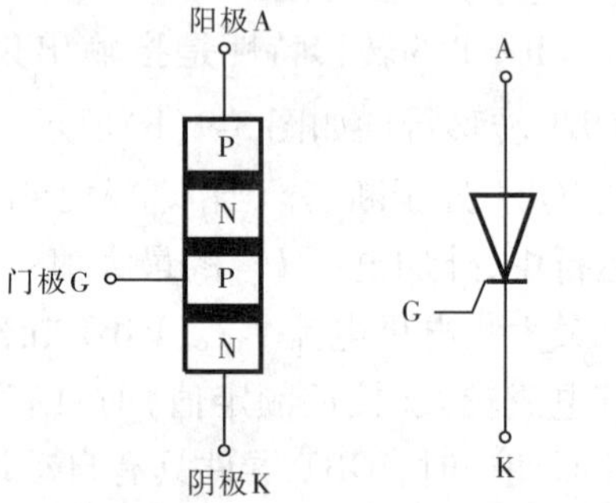

图 3-10　普通晶闸管结构模型和电路符号

二、晶闸管的工作原理

为了说明晶闸管的工作原理，我们可以通过晶闸管试验电路进行分析。晶闸管试验电路如图 3-11 所示。

（1）当开关 S 未合上时，灯泡不亮，此时晶闸管没有导通，说明晶闸管具有正向阻断能力。

（2）当开关 S 闭合时，U_{GK} 往晶闸管控制极送入适当的控制电流（触发），灯泡亮，表明晶闸管导通，称为触发导通。此时，晶闸管阳极和阴极之间的管压降通常为 0.4～1.2 V。

（3）晶闸管导通后，再断开开关 S，灯泡仍然亮着，说明晶闸管触发导通后，可以自行维持导通状态，称为维持导通。

（4）降低 U_{AK} 的电压，流过晶闸管的电流逐渐减小，灯泡亮度逐渐变暗，当电流减小到一定值时，灯泡突然熄灭，表明晶闸管阻断，这个最小的电流值叫做维持电流 I_H。

（5）如果 U_{AK} 仍保持原电压，但极性反接，即晶闸管加反向电压，U_{GK} 接法不变，这时不论开关 S 是闭合还是断开，灯泡都不亮，晶闸管没有导通，说明晶闸管具有反向阻断能力。

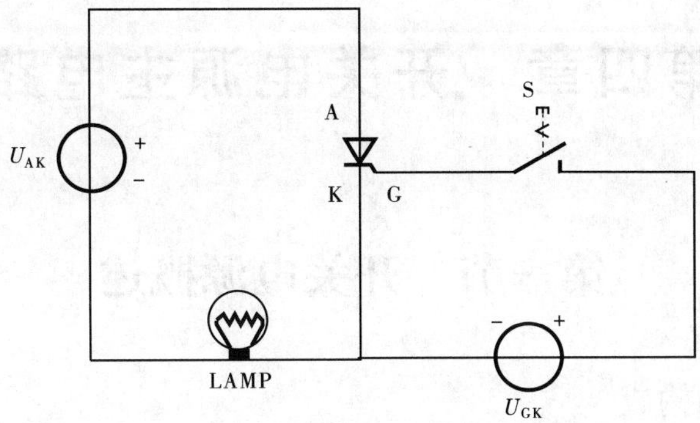

图 3-11　晶闸管试验电路

三、晶闸管的主要参数

晶闸管的主要参数有：

(1)额定通态平均电 I_T。在一定条件下，阳极和阴极间可以连续通过的 50 Hz 正弦波电流的平均值。

(2)正向阻断峰值电压 U_{DRM}。在控制极开路未加触发信号，允许重复加在可控硅阳极和阴极的正向峰值电压。可控硅承受的正向电压峰值，不能超过手册给出的这个参数值。

(3)反向阻断峰值电压 U_{RRM}。当可控硅加反向电压，处于反向关断状态时，可以重复加在可控硅阳极和阴极的反向峰值电压。使用时，不能超过手册给出的这个参数值。

(4)控制极触发电流 I_{GT}。在规定的环境温度下，阳极和阴极间加有一定电压时，可控硅从关断状态转为导通状态所需要的最小控制极直流电流。

(5)控制极触发电压 U_{GT}。在规定的环境温度下，阳极和阴极间加有一定电压时，可控硅从关断状态转为导通状态所需要的最小控制极直流电压，一般为 1.5 V 左右。

(6)维持电流 I_H。在规定温度下，控制极断路，维持可控硅导通所必需的最小阳极正向电流。

(7)正向平均压降 U_F。在规定环境温度和标准散热条件下，当通过可控硅的电流为额定电流时，其阳极与阴极之间电压降的平均值，通常为 0.4 ~ 1.2 V。

第四章　开关电源主电路

第一节　开关电源概述

一、开关电源的构成

开关电源采用功率半导体器件(GTR、MOSFET、IGBT 等)作为调整管,通过控制电路控制调整管的导通时间,使输出电压保持稳定。

开关电源的电路构成如图 4-1 所示。

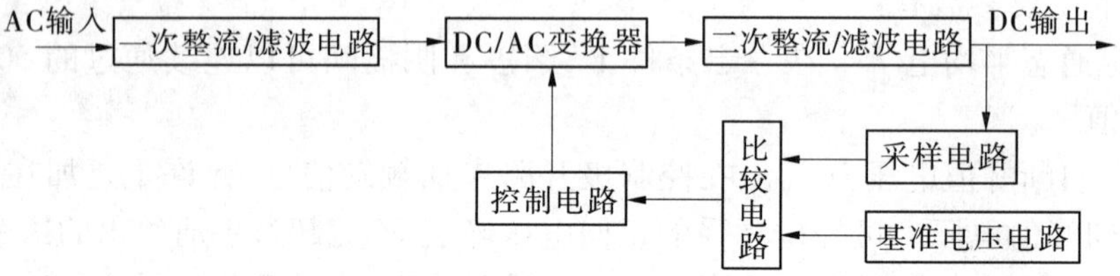

图 4-1　开关电源的电路构成

(一)一次整流/滤波电路

将交流输入电压(通常是市电电网的交流电压 220 V 或 380 V)进行整流滤波,转化为直流电压(300 V 或 500 V),然后将直流电压供给 DC/AC 变换器。相比于线性直流稳压电源,开关电源在这一环节可以省去工频变压器,消除了工频变压器带来的损耗。

(二)DC/AC 变换器

DC/AC 变换器的主要作用是将一次整流/滤波电路提供的直流电压变换成高频交流电压(一般频率可达到几十 kHz 到几百 kHz,甚至更高)。

(三)二次整流/滤波电路

将 DC/AC 变换器变换输出的高频交流电压进行整流滤波,转化成平滑的直流输出电压。

(四)反馈网络

反馈网络包括基准电压电路、采样电路和比较电路。采样电路把输出电压的一部分或者全部采样回来,采样到的电压和基准电压送入比较电路进行比较,比较的结果送给控制电路。

(五)控制电路

控制电路根据反馈网络的结果输出占空比可调的控制脉冲去控制调整管的通断时间,这是所谓的“时间控制法”。

(六)辅助电路

开关电源中常见的其他电路主要有软启动电路、输出过压保护电路、输出过流保护电路、驱动电路等。

二、开关电源的分类

开关电源的分类方式有很多,可以按激励方式、调制方式、调整管的类型、输入/输出电压大小、调整管的连接方式和储能电感的连接方式等进行分类。

(一)按激励方式划分

开关电源按激励方式可分为自激式开关电源和他激式开关电源。在自激式开关电源中,功率开关管既作为调整管,又兼作控制脉冲信号产生的振荡管。在他激式开关电源中,则专门设置有产生控制脉冲信号的控制电路。

(二)按调制方式划分

开关电源按调制方式可分为脉宽调制(PWM)型开关电源、脉频调制(PFM)型开关电源和混合调制型开关电源。脉宽调制指的是控制脉冲周期不变,导通时间改变,进而改变占空比的调制方式。脉频调制指的是控制脉冲导通时间不变,周期(频率)改变,进而改变占空比的调制方式。混合调制指的是控制脉冲导通时间和周期都改变,进而改变占空比的调制方式。

(三)按调整管的类型划分

开关电源根据调整管的类型不同可分为晶体管(GTR)开关电源、场效应管(MOSFET)开关电源和绝缘栅双极型晶体管(IGBT)开关电源。

(四)按输入/输出电压大小划分

开关电源按输入电压和输出电压的大小可分为降压式开关电源、升压式开关电源和极性反转式开关电源。降压式开关电源的输出电压小于输入电压,升压式开关电源的输出电压大于输入电压,极性反转式开关电源的输出电压和输入电压极性相反。降压式、升压式和极性反转式开关电源都没有实现电气隔离的变压器。

(五)按连接方式划分

开关电源按连接方式可分为单端反激式开关电源、单端正激式开关电源、推挽式开关电源、半桥式开关电源和全桥式开关电源。其中单端反激式开关电源适用于电气隔离的输出小功率的场合,单端正激式开关电源适用于电气隔离的输出较大功率的场合,半桥式和全桥式开关电源适用于电气隔离的大功率输出场合(全桥式开关电源的输出功率要比半桥式开关电源的输出功率更大),推挽式开关电源适用于电气隔离的低电压输入场合。

三、开关电源的设计

(一)确定开关电源的主回路

开关电源的主回路也叫做开关电源拓扑结构,常见的开关电源拓扑结构主要有以下七种:

(1)降压式变换器。

(2)升压式变换器。

(3)单端反激式变换器。

(4)单端正激式变换器。

(5)推挽式变换器。

(6)半桥式变换器。

(7)全桥式变换器。

确定开关电源拓扑结构的依据主要有两个方面:首先考虑电路是否需要电气隔离,如果电路需要电气隔离,则选择单端反激式变换器、单端正激式变换器、推挽式变换器、半桥式变换器、全桥式变换器中的某一种拓扑结构;如果电路不需要电气隔离,则可选择升压式变换器和降压式变换器。其次考虑电源的输出功率,输出小功率选择单端反激式变换器,输出较大功率选择单端正激式变换器,大功率输出选择半桥式和全桥式变换器,输出功率较大输入电压比较低选择推挽式变换器。

(二)选择控制电路

控制电路按激励方式有自激式和他激式控制电路,其中自激式控制电路通过启动电阻,利用高频变压器的正反馈实现开关管的饱和导通,利用功率管的退饱和特性实现开关管的截止断开。他激式控制电路一般使用的是集成控制电路 IC,其中比较常用的集成控制电路有电压型脉宽调制控制电路 TL494、电流型脉宽调制控制电路 UC3845。

(三)确定辅助电路

开关电源通常由一次整流/滤波电路、功率变换器、控制电路、二次整流/滤波电路、电压反馈网络等组成,其中电路主回路也就是功率变换器是整个开关电源的核心。开关电源除功率变换器和控制电路外,还需要一些辅助电路才能保证正常工作。开关电源中常见的辅助电路有:

(1)输入 EMI 滤波电路。

(2)整流/滤波电路。

(3)驱动电路。

(4)软启动电路。

(5)保护电路。

(6)电压反馈电路。

其中,输入 EMI 滤波电路的主要作用是防止电网的干扰传入设备,干扰设备的正常工作,同样也可防止设备产生的干扰传到电网上,干扰其他设备的正常工作。整流/滤波电路分为一次整流/滤波电路和二次整流/滤波电路,这两种电路的主要区别是工作频率的差异,一次整流/滤波电路工作的频率为电网交流电频率 50 Hz/60 Hz,二次整流/滤波电路工作的频率为开关电源的频率,其频率通常为几十 kHz 到几百 kHz,甚至更高。驱动电路的主要作用是保证调整管能够有效可靠的工作,使调整管在该关断的时候迅速关断,并在整个关断期间维持关断状态;在该导通的时候迅速导通,并在整个导通期间维持导通状态。软启动电路主要防止开关电源开机时的冲击电流,保证开关电源能够正常工作。开关电源的保护电路有很多,比如过压保护电路、欠压保护电路、过流保护电路、过热保护电路等。电压反馈电路是各类开关电源都必须具有的辅助电路,它通常由采样电路、基准电压电路和比较电路组成。

(四)PCB 设计

开关电源的主回路、控制电路和辅助电路确定以后,就可以开始绘制电路原理图,然后根据电路原理图创建网络表。在创建网络表的时候需要注意元器件的封装形式,因为在开关电源中很多元器件的封装形式不是标准封装形式,需要自己定义封装。在定义封装时,根据元器件实际的外形尺寸和引脚位置进行确定。

1. 元器件布局的原则

在确定了所有的元器件封装形式以后,导入网络表,开始进行元器件的布局。在进行元器件布局时要尽量符合以下原则:

(1)按照电路的流向和各个功能电路单元的位置,使布局适合于信号流通,并使信号尽量保持方向一致。

(2)以每个功能电路的核心元件为中心,围绕这个中心来进行布局。元器件应均匀、整齐、紧凑地排列在 PCB 上,尽量使各元器件之间的引线和连接简单化。

(3)在高频下工作的电路,要考虑元器件之间的分布参数。一般电路应尽可能使元器件平行排列。这样,不但美观,而且安装、焊接容易,易于批量生产。

(4)位于电路板边缘的元器件,离电路板边缘一般不小于 2 mm。

(5)应留出印制板定位孔及固定支架所占用的位置。

另外,在布局特殊元件时,还应注意以下问题:

(1)尽可能缩短高频元器件之间的连线,设法减少它们的分布参数和相互间的电磁干扰。易受干扰的元器件不能相互挨得太近,输入、输出元件应尽量远离。

(2)某些元器件或导线之间可能有较高的电位差,应加大它们之间的距离,以免放电引起意外短路。带高电压的元器件应尽可能布置在调试时手不易触及的地方。

(3)质量超过 15 g 的元器件,应当用支架加以固定,然后焊接。那些又重又大、发热量大的元器件,不宜装在印制板上,应安装在整机的机箱底板上,并且应考虑散热问题。

(4)热敏元件应远离发热元件。

(5)对于电位器、可调电感线圈、可变电容器、微动开关等可调元件的布局,应考虑整机的结构要求。若是机内调节,应放在印制板上方便调节的地方;若是机外调节,其位置要与调节旋钮在机箱面板上的位置相适应。

2. 布线的一般原则

元器件的布局完成以后,进行印制电路板的布线。合理的布线可使印制电路板获得最佳性能,布线的一般原则有:

(1)信号线与其回路构成的环的面积要尽可能小,环面积越小,对外的辐射越少,接收外界的干扰也越小。

(2)串扰是指 PCB 上不同网络之间因较长的平行布线引起的相互干扰,主要是平行线间的分布电容和分布电感引起的。克服串扰的主要措施是:加大平行布线的间距,遵循3W规则。3W 规则是指:当线和线的中心间距不少于 3 倍线宽时,可保持 70% 的电场不互相干扰。另外,可以在平行线间插入接地的隔离线或减小布线层与地平面的距离来减少串扰。

(3)对一些特别重要或频率特别高的信号,应该考虑采用铜轴电缆屏蔽结构设计,即将所布的线上下左右用地线隔离,而且要考虑好如何有效地让屏蔽地与实际地平面有效结合。

(4)避免将不同的信号线在相邻层走成同一方向,以减少不必要的层间串扰;当由于板结构限制(如某些背板)难以避免出现该情况,特别是信号速率较高时,应考虑用地平面隔离各布线层,用地信号线隔离各信号线。

(5)一般不允许出现一端浮空的布线,主要是为了避免产生"天线效应",减少不必要的干扰辐射和接收。

(6)为了减小高频信号对外的辐射与耦合,布线时拐角应尽量使用45°或圆弧形,切忌采用 90°拐角。

（五）安装调试

安装前准备好各种元器件、常用的工具和材料。安装过程中，先安装体积小、高度低的电阻和二极管元件，然后是集成电路、晶体管、电容器等，最后安装较大尺寸的散热器。调试过程分为四步：①准备调试仪器；②通电前检查；③通电后观察；④性能测试。

第二节　降压式变换器

一、电路组成

降压式变换器也叫做 buck 变换器，其拓扑结构如图 4-2 所示。图中 VT 为功率调整管（功率开关管），U_i 为输入的直流电压，U_o 为输出的直流电压，VD 为续流二极管，L 为储能电感，C 为滤波电容。该电路的功能是把输入的直流电压 U_i 转换成输出的直流电压 U_o。

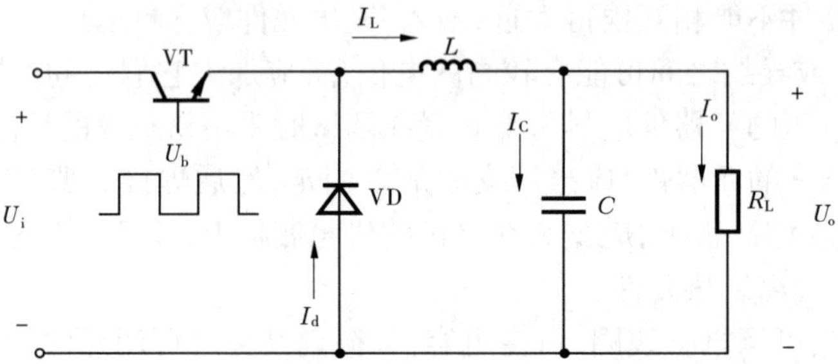

图 4-2　降压式变换器的拓扑结构

二、工作原理

控制脉冲导通时，开关管 VT 导通，续流二极管 VD 截止，输入直流电压 U_i 经过开关管 VT 和储能电感 L 加载到负载 R_L 上。在电感线圈没有饱和之前，流过电感 L 的电流 I_L 逐渐增加，由于电感的时间常数要比控制脉冲的导通时间大得多，电流 I_L 的增加近似是一个线性增加过程。在电感电流线性增加的过程中，电感储存能量。

控制脉冲截止时，开关管 VT 截止，流过电感线圈的电流 I_L 减小，为了阻碍电流 I_L 的减小，电感线圈 L 产生感应电动势，感应电动势方向为“右正左负”。此时续流二极管 VD 导通，电感线圈 L 经过续流二极管 VD 给负载 R_L 供电。在供电的过程中，电感线圈 L 释放能量，流过电感线圈的电流 I_L 线性减小。

在降压式变换器整个工作过程中，滤波电容 C 通过不断的充放电使流过负载 R_L 的电流 I_o 连续稳定。当流过电感线圈的电流 I_L 大于负载电流 I_o 时，电容充电（$I_o = I_L - I_C$），当流过电感线圈的电流 I_L 小于负载电流 I_o 时，电容放电（$I_o = I_L + I_C$）。

三、电路中各点波形

降压式变换器在控制脉冲导通时电感线圈储存能量，流过电感线圈的电流 I_L 线性增加；在控制脉冲截止时电感线圈释放能量，流过电感线圈的电流 I_L 线性减小。按电感线圈在控制脉冲导通期间储存的总能量是否足够在控制脉冲截止期间释放,可把降压式变换器的工作模式分为连续工作模式和不连续工作模式。如果电感线圈在控制脉冲导通期间储存的总能量足够在控制脉冲截止期间释放,这种工作模式称为连续工作模式。如果电感线圈在控制脉冲导通期间储存的总能量不够在控制脉冲截止期间释放,这种工作模式称为不连续工作模式。连续工作模式和不连续工作模式的波形如图 4-3 所示。

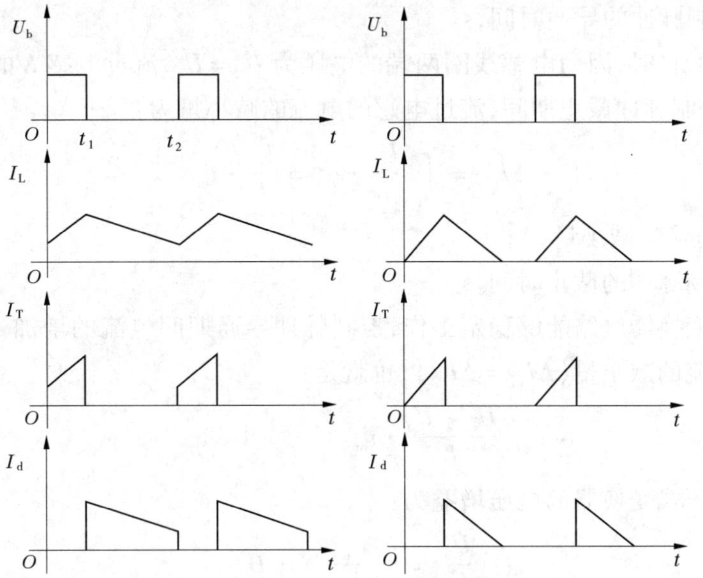

(a)连续工作模式　　(b)不连续工作模式

图 4-3　降压式变换器连续工作模式和不连续工作模式的波形

在连续工作模式中,电感线圈在控制脉冲导通期间储存的总能量足够在控制脉冲截止期间释放,也就是控制脉冲截止的最后时刻流过电感的电流 I_L 的值大于或等于零。在不连续工作模式中,电感线圈在控制脉冲导通期间储存的总能量不够在控制脉冲截止期间释放,也就是电感线圈中能量释放完时(流过电感的电流 I_L 降为零时),控制脉冲截止时间还没结束,也就是控制脉冲还没有重新导通,因而能量得不到及时的补充,这样就出现了电流不连续的工作状态,这就是所谓的不连续工作模式。在降压式变换器设计过程中,一般要求变换器工作在连续工作模式,接下来讲述的电压增益和输出电压纹波的计算及元件的选择等问题都是指连续工作模式的情况。

四、电压增益和输出电压纹波的计算

(一)电压增益的计算

为了分析稳态特性,简化推导公式的过程,作如下假定:开关管、续流二极管均是理想元件,导通时相当于短路,截止时相当于断路。电感、电容也是理想元件,仅仅只需考虑其本身的感抗或容抗。

在控制脉冲导通时,因为电感线圈两端的电压为 $U_L = U_i - U_o$,流过电感 L 的电流 I_L 线性增加,所以在整个控制脉冲导通期间,流过电感的电流的增加量为:

$$\Delta I_{L1} = \int_0^{t_1} \frac{U_L}{L} \cdot dt = \frac{U_i - U_o}{L} \cdot t_{on} \tag{4-1}$$

式中　ΔI_{L1}——电流的增加量,A;

U_L——电感两端的电压,V;

L——电感线圈的电感,H;

U_i——输入的直流电压,V;

U_o——输出的直流电压,V;

t_{on}——控制脉冲的导通时间,s。

在控制脉冲截止时,因为电感线圈两端的电压为 $U_L = U_o$,流过电感 L 的电流 I_L 线性减小,所以在整个控制脉冲截止期间,流过电感的电流的减小量为:

$$\Delta I_{L2} = \int_{t_1}^{t_2} \frac{U_L}{L} \cdot dt = \frac{U_o}{L} \cdot t_{off} \tag{4-2}$$

式中　ΔI_{L2}——电流的减小量,A;

t_{off}——控制脉冲的截止时间,s。

要使降压式变换器电路能够稳定工作,控制脉冲导通期间电流的增加量应该等于控制脉冲截止期间电流的减小量($\Delta I_{L1} = \Delta I_{L2}$),也就是:

$$\frac{U_i - U_o}{L} \cdot t_{on} = \frac{U_o}{L} \cdot t_{off} \tag{4-3}$$

因此可以得到降压式变换器的电压增益为:

$$\frac{U_o}{U_i} = \frac{t_{on}}{t_{on} + t_{off}} = D \tag{4-4}$$

式(4-4)表明,输出直流电压 U_o 随着占空比 D 的变化而变化。由于 $D < 1$,输出直流电压 U_o 总是小于输入直流电压 U_i,所以称为降压式变换器。

(二)输出直流电压纹波的计算

输出直流电压的纹波计算公式为:

$$\Delta U_o = \frac{U_o(1 - D)}{8LC} \cdot T^2 \tag{4-5}$$

式中　ΔU_o——输出直流电压的纹波,V;

U_o——输出直流电压,V;

D——控制脉冲的占空比 ,$D = \frac{t_{on}}{T}$;

L——电感线圈的电感,H;

C——滤波电容的电容,F;

T——控制脉冲的周期,s。

从式(4-5)可以看出,降压式变换器输出电压纹波 ΔU_o 除和输出电压 U_o 有关外,增大储能电感 L 和滤波电容 C 可以降低输出电压纹波值,但是增大储能电感 L 和滤波电容 C 的代价是体积和质量变大。另外,减小控制脉冲的周期 T 也就是增大电源工作频率 f 也可以降低输出电压纹波 ΔU_o,但是提高工作频率又会对元器件提出更高要求。当然,在降低输出电压纹波 ΔU_o 时,要利弊兼顾,综合考虑各方面的因素。

五、元件的选择

（一）开关管的选择

1. 类型的选择

开关管的选择首先应根据输入条件、输出电压、输出电流、工作场合及负载特性等要求来确定管子的类型。一般确定的原则是：输出功率在几十千瓦或更高时选择 IGBT；输出功率在几千瓦到几十千瓦时选择 MOSFET；输出功率在几千瓦以下时选择 GTR。但是这个原则并不是一成不变的，设计者还得根据其他一些因素综合考虑，如工作频率、性能、价格等因素。

2. 极限参数的选择

在确定好开关管的类型以后，接下来确定开关管的极限参数。开关管的极限参数是保证电路能够正常工作的参数，所以在确定极限参数时，一般需要留有一定的裕量。

集电极、发射极之间所允许的最大电压：

$$U_{CEO} = U_i \tag{4-6}$$

最大允许集电极电流：

$$I_{CM} = 2I_o \tag{4-7}$$

3. 其他参数选择

开关管其他参数的选择主要包括导通压降、反向漏电流、高频特性、驱动功率及开关时间等方面的选择。选择的原则是综合考虑性价比，优先选择导通压降小的、反向漏电流小的、高频特性好的、开关速度快的和驱动功率小的开关管。

（二）续流二极管的选择

当开关管截止时，储能电感 L 中所储存的磁能通过续流二极管传输给负载电阻 R_L。当开关管导通时，因为开关管的导通压降很小，这时输入直流电压 U_i 就全部加到续流二极管的两端，因此续流二极管的选择应符合以下条件。

（1）正向最大平均电流：

$$I_F = (1 - D)I_o \tag{4-8}$$

（2）反向最高工作电压：

$$U_{RM} - U_i \tag{4-9}$$

（3）为了减小由于开关转换所引起的输出电压纹波，续流二极管应选择反向恢复时间很短的肖特基二极管或快速（超快速）恢复二极管。

（4）为了提高整个电源的转换效率，优先考虑正向导通压降小的二极管。

（三）电感线圈的选择

在控制脉冲导通时，流过电感 L 的电流 I_L 线性增加；在控制脉冲截止时，流过电感 L 的电流 I_L 线性减小。电感线圈的电感越大，流过电感 L 的电流 I_L 变化起伏越平滑；电感线圈的电感越小，流过电感 L 的电流 I_L 变化起伏越陡峭。在降压式变换器中，当电感线圈的电感小到一定值时，就会发生这样一种情况：在控制脉冲由截止变成导通的瞬间，电感线圈中储存的能量刚好释放完毕，这时流过电感线圈的电流 $I_L = 0$。这个电感线圈的电感值称为临界电感值 L_C。在设计降压式变换器时，电感线圈的电感值选择应该大于临界电感值 L_C。临界电感值 L_C 的计算公式为：

$$L_C = \frac{R_L(1-D)}{2f} \tag{4-10}$$

式中 R_L——负载电阻的阻值,Ω;

D——控制脉冲的占空比;

f——控制脉冲的频率,Hz。

(四)滤波电容的选择

若给定了输入电压、输出电压、输出电压纹波的要求,可以根据式(4-5)计算滤波电容 C 的电容值:

$$C = \frac{U_o(1-D)}{8L\Delta U_o} \cdot T^2 = \frac{U_o T^2}{8L\Delta U_o} \cdot \frac{(U_i - U_o)}{U_i} \tag{4-11}$$

式中 ΔU_o——输出直流电压的纹波,V;

U_o——输出直流电压,V;

U_i——输入直流电压,V;

D——控制脉冲的占空比,$D = \frac{t_{on}}{T}$;

L——电感线圈的电感,H;

T——控制脉冲的周期,s。

六、集成降压式开关电源 LM2576 系列

(一)LM2576 系列的特点

降压式开关电源可以由分立元件和控制电路组成,也可以选择集成电路产品。集成降压式开关电源 LM2576 系列的特点如下:

(1)有 3.3 V、5 V、12 V、15 V 和可调电压输出等多种系列。

(2)输出电压可调范围 1.23 ~37 V (HV 型号 1.23 ~57 V),负载电压的输出容差最大值为 ±4%。

(3)使用时最少只需要 4 个外围组件,可达 3 A 的输出大电流应用电路。

(4)较宽的输入电压范围,最大输入电压可达 40 V(HV 型号可达 60 V)。

(5)内部振荡器产生 52 kHz 固定频率。

(6)可用 TTL 电平关闭输出,低功耗待机模式,典型待机电流为 50 μA。

(7)使用 BUCK 式降压器,较高的转换效率。

(8)过热和过流保护。

(二)LM2576 系列的引脚功能

(1)V_{IN}——输入电压端,为减小输入瞬间电压,此引脚应接旁路电容。

(2)OUTPUT——稳压输出端。

(3)GND——电路接地端。

(4)FEEDBACK——反馈端。

(5)$\overline{\text{ON}}$/OFF——使能控制端,低电平有效。当该控制端接低电平时,芯片正常工作;当该控制端接高电平时,芯片不工作。

（三）LM2576 系列的使用

1. 输出固定电压

LM2576 系列输出固定电压有 3.3 V、5 V、12 V 和 15 V 四种，其中应用集成电路 LM2576/LM2576HV－5.0 输出 +5 V 固定电压的电路如图 4-4 所示。图中 U_i 为输入直流电压（LM2576－5.0 输入电压范围为 7～40 V，LM2576HV－5.0 输入电压范围为 7～60 V），U_o 为输出稳定电压 +5 V，C_1 为输入旁路电容，L 为储能电感，C 为滤波电容，VD 为续流二极管。

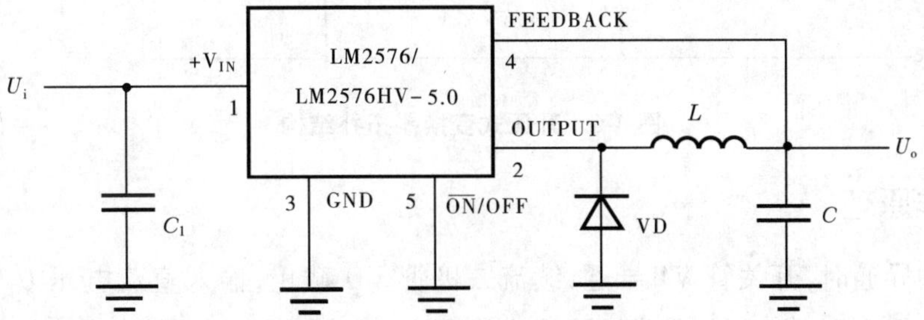

图 4-4　LM2576 输出固定电压

2. 输出可调电压

应用 LM2576 －ADJ 输出可调电压的电路如图 4-5 所示。图中 U_i 为输入直流电压，U_o 为可调输出稳定电压（LM2576－ADJ 输出电压可调范围为 1.23～37 V，LM2576HV－ADJ 输出电压可调范围为 1.23～57 V），C_1 为输入旁路电容，L 为储能电感，C 为滤波电容，VD 为续流二极管，电阻 R_1 和电位器 R_2 组成采样电路。调节电位器 R_2 的大小可以得到可调的输出电压：$U_o = 1.23 \times \frac{R_1 + R_2}{R_1}$。

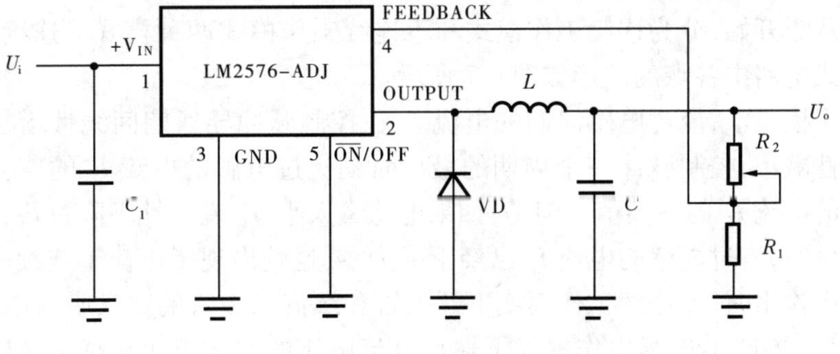

图 4-5　LM2576 输出可调电压

第三节　升压式变换器

一、电路组成

升压式变换器也叫做 boost 变换器，其拓扑结构如图 4-6 所示。图中 VT 为功率调整管（功率开关管），U_i 为输入的直流电压，U_o 为输出的直流电压，VD 为续流二极管，L 为储能电感，C 为滤波电容。该电路完成把输入的直流电压 U_i 转换成输出的直流电压 U_o 的功能。

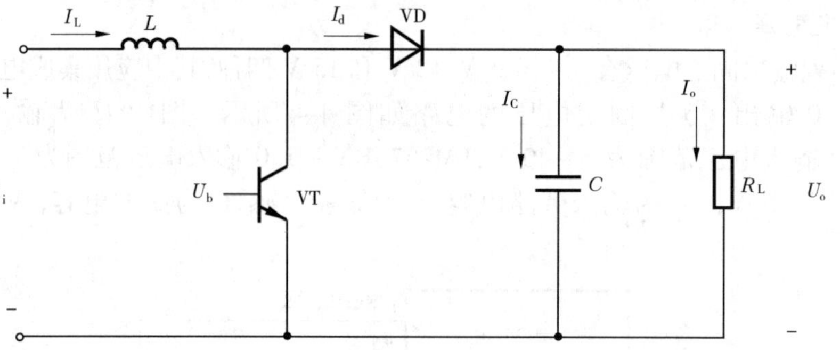

图 4-6　升压式变换器拓扑结构

二、工作原理

控制脉冲导通时，开关管 VT 导通，续流二极管 VD 截止，输入直流电压 U_i 加载到储能电感 L 和开关管 VT 两端。在电感线圈没有饱和之前，流过电感 L 的电流 I_L 线性增加，电感储存能量。在控制脉冲导通期间，电容 C 放电提供负载 R_L 所需的电流。

控制脉冲截止时，开关管 VT 截止，续流二极管 VD 导通。电感线圈 L 产生感应电动势，感应电动势方向为"右正左负"，电感线圈 L 的感应电动势和输入直流电压 U_i 经过续流二极管 VD 共同给负载 R_L 和电容 C 供电。在供电的过程中，电感线圈 L 释放能量，电容 C 充电，流过电感线圈的电流 I_L 线性减小。

三、电路中各点的波形

升压式变换器和降压式变换器一样，也可以根据流过电感线圈的电流 I_L 在控制脉冲周期开始时是否从零开始，分为连续工作模式和不连续工作模式两种模式。连续工作模式和不连续工作模式电路中各点的波形如图 4-7 所示。

在连续工作模式下，流过电感线圈的电流 I_L 在控制脉冲导通期间线性增加，在控制脉冲截止期间线性减小，控制脉冲一个周期的最后时刻流过电感的电流 I_L 的值，就是下一个周期流过电感的电流 I_L 的开始值。但是，如果电感量太小，电流线性下降过快，控制脉冲截止时间还没结束时，流过电感的电流 I_L 已经下降为零，这就出现了电流不连续的工作模式。在要求相同功率输出时，不连续工作模式下开关管和续流二极管的最大瞬时电流要比连续工作模式下的大，同时不连续工作模式下输出直流电压的纹波也比连续工作模式下的大。所以，在升压式变换器的设计过程中，一般要求变换器工作在连续工作模式。接下来讲述的电压增益和输出电压纹波的计算及元件的选择等问题都是指连续工作模式的情况。

四、电压增益和输出电压纹波的计算

（一）电压增益的计算

为了分析稳态特性，简化推导公式的过程，所需假定和第二节降压式变换器的假定一样。

在控制脉冲导通时，因为电感线圈两端的电压为 $U_L = U_i$，流过电感 L 的电流 I_L 线性增

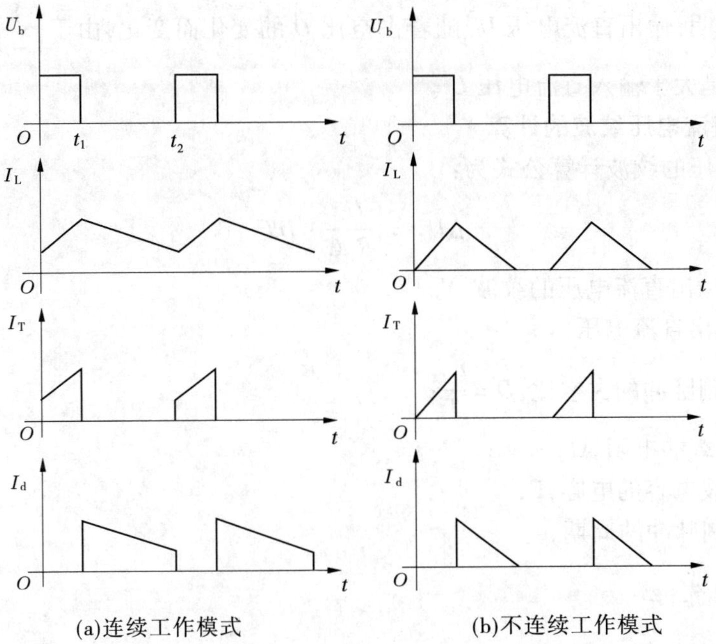

图 4-7　升压式变换器连续工作模式和不连续工作模式中各点的波形

加，所以在整个控制脉冲导通期间，流过电感的电流的增加量为：

$$\Delta I_{L1} = \int_0^{t_1} \frac{U_L}{L} \cdot dt = \frac{U_i}{L} \cdot t_{on} \tag{4-12}$$

式中　ΔI_{L1}——电流的增加量，A；

U_L——电感两端的电压，V；

L——电感线圈的电感，H；

U_i——输入的直流电压，V；

t_{on}——控制脉冲的导通时间，s。

在控制脉冲截止时，因为电感线圈两端的电压为 $U_L = U_o - U_i$，流过电感 L 的电流 I_L 线性减小，所以在整个控制脉冲截止期间，流过电感的电流的减小量为：

$$\Delta I_{L2} = \int_{t_1}^{t_2} \frac{U_L}{L} \cdot dt = \frac{U_o - U_i}{L} \cdot t_{off} \tag{4-13}$$

式中　ΔI_{L2}——电流的减小量，A；

U_i——输入的直流电压，V；

t_{off}——控制脉冲的截止时间，s。

要使升压式变换器电路能够稳定工作，控制脉冲导通期间电流的增加量应该等于控制脉冲截止期间电流的减小量（$\Delta I_{L1} = \Delta I_{L2}$），也就是：

$$\frac{U_i}{L} \cdot t_{on} = \frac{U_o - U_i}{L} \cdot t_{off} \tag{4-14}$$

因此可以得到升压式变换器的电压增益为：

$$\frac{U_o}{U_i} = \frac{t_{on} + t_{off}}{t_{off}} = \frac{1}{1 - D} \tag{4-15}$$

式(4-15)表明,输出直流电压 U_o 随着占空比 D 的变化而变化,由于$\frac{1}{1-D}>1$,所以输出直流电压 U_o 总是大于输入直流电压 U_i。

(二)输出直流电压纹波的计算

输出直流电压的纹波计算公式为:

$$\Delta U_o = \frac{U_o}{R_L C} \cdot DT \tag{4-16}$$

式中 ΔU_o——输出直流电压的纹波,V;

U_o——输出直流电压,V;

D——控制脉冲的占空比,$D=\frac{t_{on}}{T}$;

R_L——负载的电阻,Ω;

C——滤波电容的电容,F;

T——控制脉冲的周期,s。

五、元件的选择

(一)开关管的选择

升压式变换器开关管的类型和开关管其他参数的选择原则和降压式变换器中的选择原则相同,不同的地方是开关管的极限参数的选择。

集电极、发射极之间所允许的最大电压:

$$U_{CEO} = U_o \tag{4-17}$$

最大允许集电极电流:

$$I_{CM} = \frac{2I_o}{1-D} \tag{4-18}$$

(二)续流二极管的选择

控制脉冲导通时,开关管 VT 导通,续流二极管 VD 截止,忽略开关管的导通压降,续流二极管 VD 两端的电压为输出直流电压 U_o。控制脉冲截止时,开关管 VT 截止,续流二极管 VD 导通,电感线圈产生的感应电动势 U_L 和输入直流电压 U_i 经过续流二极管 VD 传输给负载 R_L。因此,续流二极管的选择应符合以下条件:

(1)正向最大平均电流:

$$I_F = I_o \tag{4-19}$$

(2)反向最高工作电压:

$$U_{RM} = U_o \tag{4-20}$$

(三)电感线圈的选择

在控制脉冲截止时,流过电感 L 的电流 I_L 线性减小。临界电感对应的电感值 L_C 刚好使控制脉冲由截止变成导通的瞬间流过电感线圈的电流 I_L 下降为零,也就是说,在整个控制脉冲截止期间流过电感 L 的电流 I_L 的减小量刚好等于$\frac{2I_o}{1-D}$。

$$\Delta I_{L2} = \int_{t_1}^{t_2} \frac{U_L}{L} \cdot dt = \frac{U_o - U_i}{L} \cdot t_{off} = \frac{2I_o}{1-D}$$

所以可得临界电感值 L_C 为：

$$L_C=\frac{(U_o-U_i)(1-D)^2}{2I_of} \tag{4-21}$$

式中 I_o——输出电流，A；

D——控制脉冲的占空比；

f——控制脉冲的频率，Hz；

U_i——输入直流电压，V；

U_o——输出直流电压，V。

（四）滤波电容的选择

若给定了输出电压、输出电压纹波的要求，可以根据式（4-16）计算滤波电容 C 的电容值：

$$C=\frac{U_oDT}{R_L\Delta U_o}=\frac{I_oDT}{\Delta U_o}=\frac{I_o(U_o-U_i)}{\Delta U_ofU_o} \tag{4-22}$$

式中 ΔU_o——输出直流电压的纹波，V；

U_o——输出直流电压，V；

U_i——输入直流电压，V；

I_o——输出电流，A；

D——控制脉冲的占空比，$D=\frac{t_{on}}{T}$；

T——控制脉冲的周期，s；

f——控制脉冲的频率，Hz。

六、集成升压式开关电源 LM2577 系列

（一）LM2577 系列的特点

集成升压式开关电源 LM2577 系列的特点包括：

（1）有 12 V、15 V 和可调电压输出三种系列。

（2）输出电压可调范围 1.23～60 V。

（3）额定输出电流为 3 A。

（4）输入电压范围 3.5～40 V。

（5）内部振荡器产生 52 kHz 固定频率。

（6）具有抑制启动时冲击电流的软启动功能。

（7）具有过热、过低电压锁定和过流保护功能。

（二）LM2577 系列的引脚功能

（1）COMP——耦合端，此引脚常接一个电阻和电容接地进行频率补偿。

（2）FEEDBACK——反馈端。

（3）GND——电路接地端。

（4）SWITCH——开关输出端。

（5）VIN——输入端，为减小输入瞬间电压，此引脚应接旁路电容。

（三）LM2577 系列的使用

1. 输出固定电压

LM2577 系列输出固定电压有 12 V 和 15 V 两种，其中应用集成电路 LM2577 输出 +15 V 固定电压的电路如图 4-8 所示。图中 U_i 为输入直流电压，U_o 为输出稳定电压 +15 V，C_1 为输入旁路电容，L 为储能电感，C 为滤波电容，VD 为续流二极管，R 和 C_2 组成频率补偿电路。

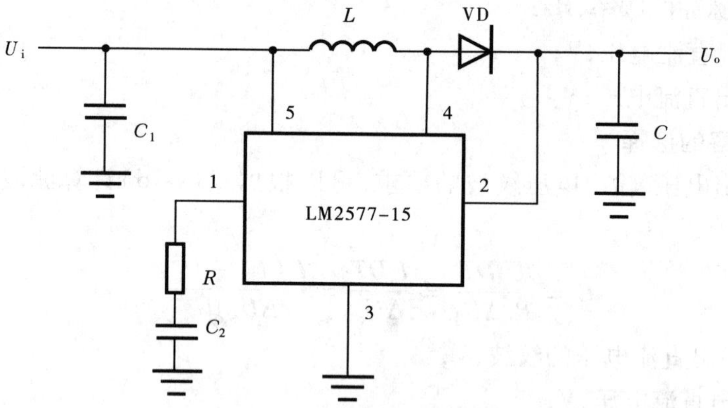

图 4-8　LM2577 输出固定电压

2. 输出可调电压

应用 LM2577 - ADJ 输出可调电压的电路如图 4-9 所示。图中 U_i 为输入直流电压，U_o 为可调输出稳定电压（1.23 ~ 60 V），C_1 为输入旁路电容，L 为储能电感，C 为滤波电容，VD 为续流二极管，R 和 C_2 组成频率补偿电路，电阻 R_1 和电位器 R_2 组成采样电路。调节电位器 R_2 的大小可以得到可调的输出电压：$U_o = 1.23\dfrac{R_1 + R_2}{R_1}$。

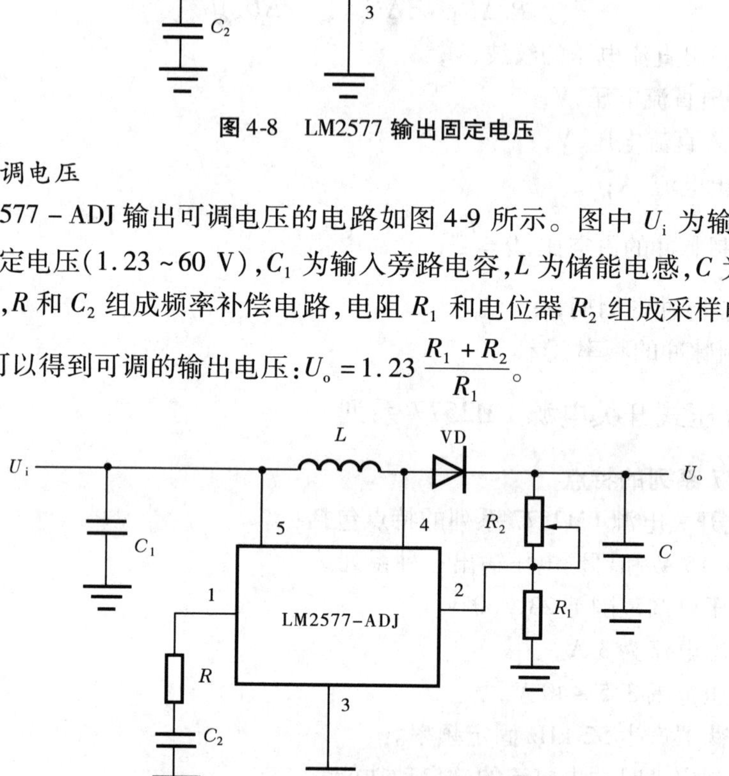

图 4-9　LM2577 - ADJ 输出可调电压

第四节　单端反激式变换器

一、电路组成

单端反激式变换器的拓扑结构如图 4-10 所示。图中 VT 为功率调整管（功率开关管），

U_i 为输入的直流电压,U_o 为输出的直流电压,变压器 T 初级绕组和次级绕组极性相反,匝比为 $n=\frac{N_p}{N_s}$,其中 N_p 为初级绕组匝数,N_s 为次级绕组匝数。该电路完成把输入的直流电压 U_i 转换成输出的直流电压 U_o 的功能。

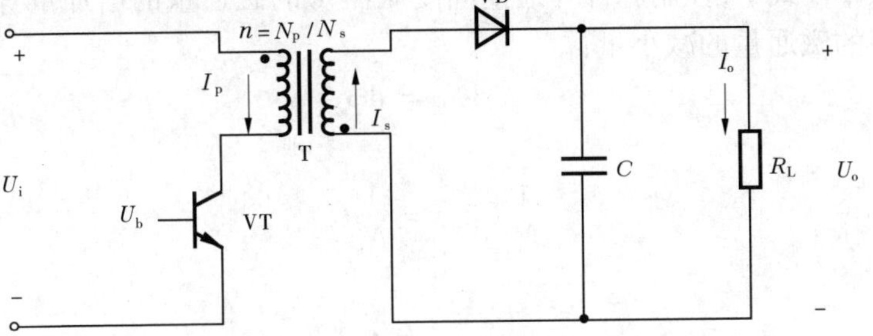

图 4-10　单端反激式变换器拓扑结构

二、工作原理

控制脉冲导通时,开关管 VT 导通,输入直流电压 U_i 加载到变压器 T 的初级绕组和开关管 VT 两端。忽略开关管的导通压降,初级绕组上的电压为 $U_p=U_i$,其极性方向为“上正下负”,次级绕组上的电压为 $U_s=U_i/n$,其极性方向为“上负下正”,所以二极管 VD 截止。在控制脉冲导通期间,流过初级绕组的电流 I_p 线性增加,变压器 T 储存能量,电容 C 放电给负载 R_L 供电。

控制脉冲截止时,开关管 VT 截止,变压器 T 的初级绕组产生感应电动势,感应电动势方向为“上负下正”,次级绕组上的电压为 $U_s=U_o$,其极性方向为“上正下负”,二极管 VD 导通。在控制脉冲截止期间,流过次级绕组的电流 I_s 线性减小,变压器 T 释放能量,给负载 R_L 和电容 C 供电。

三、输出电压 U_o 与输入电压 U_i 的关系

单端反激式变换器在控制脉冲导通期间,变压器储存能量,在控制脉冲截止期间,变压器释放能量。根据导通期间变压器储存的能量是否足够截止期间去释放,单端反激式变换器可以分为连续工作模式(CCM)和不连续工作模式(DCM)两种。其中,连续工作模式指的是导通期间变压器储存的能量足够整个截止期间释放,不连续工作模式指的是导通期间变压器储存的能量不够整个截止期间释放,也就是说截止期间还没有结束时变压器储存的能量已经释放完毕。

(一)连续工作模式(CCM)

控制脉冲导通期间,流过初级绕组的电流 I_p 线性增加,次级绕组没有电流流过。初级绕组两端的电压为 $U_p=U_i$,初级绕组的匝数为 N_p,控制脉冲导通时间为 t_{on}。在整个控制脉冲导通期间,变压器 T 磁通量的增加量为:

$$d\phi_1 = \frac{1}{N}U dt = \frac{1}{N_p}U_i t_{on} \tag{4-23}$$

控制脉冲截止期间,流过次级绕组的电流 I_s 线性减小,初级绕组没有电流流过。次级

绕组两端的电压为 $U_s = U_o$，次级绕组的匝数为 N_s，控制脉冲截止时间为 t_{off}。在整个控制脉冲截止期间，变压器 T 磁通量的减小量为：

$$d\phi_2 = \frac{1}{N}U dt = \frac{1}{N_s}U_o t_{off} \tag{4-24}$$

在连续工作模式下，控制脉冲导通期间变压器 T 的磁通量的增加量等于控制脉冲截止期间变压器 T 的磁通量的减小量：

$$d\phi_1 = d\phi_2 \tag{4-25}$$

即：

$$\frac{1}{N_p}U_i t_{on} = \frac{1}{N_s}U_o t_{off}$$

所以可得：

$$U_o = \frac{D}{1-D}\frac{1}{n}U_i \tag{4-26}$$

式中 U_i——输入直流电压，V；

U_o——输出直流电压，V；

D——控制脉冲的占空比；

n——变压器的匝比，$n = \frac{N_p}{N_s}$。

（二）不连续工作模式（DCM）

控制脉冲导通期间，流过初级绕组的电流 I_p 线性增加，次级绕组没有电流流过。初级绕组两端的电压为 $U_p = U_i$，初级绕组的电感为 L_p，控制脉冲导通时间为 t_{on}。由于不连续工作模式下流过初级绕组的电流 I_p 的初始值为零，所以在控制脉冲导通时间结束时流过初级绕组的电流为 I_{pm}：

$$I_{pm} = \frac{U_i}{L_p}t_{on} \tag{4-27}$$

在控制脉冲导通期间，变压器储存的能量（输入的能量）为：

$$E_i = \frac{L_p I_{pm}^2}{2} = \frac{(U_i t_{on})^2}{2TL_p} \tag{4-28}$$

若忽略电路中元件的损耗，根据能量守恒定律，输入的能量等于输出的能量：

$$E_i = E_o \tag{4-29}$$

即：

$$\frac{(U_i t_{on})^2}{2TL_p} = P_o T = \frac{U_o^2}{R_L}T \tag{4-30}$$

所以可得：

$$U_o = DU_i\sqrt{\frac{R_L T}{2L_p}} \tag{4-31}$$

式中 U_i——输入直流电压，V；

U_o——输出直流电压，V；

D——控制脉冲的占空比；

R_L——负载的阻值，Ω；

T——控制脉冲的周期，s；

L_p——变压器初级绕组的电感，L。

四、元件的选择

（一）开关管的选择

控制脉冲截止时，开关管 VT 截止，变压器 T 的次级绕组上的电压为 $U_s = U_o$，其极性方向为"上正下负"，对应的初级绕组上的电压为 $U_p = nU_s = nU_o$，其极性方向为"上负下正"。所以，开关管 VT 集电极、发射极之间所允许的最大电压为：

$$U_{CEO} = U_i + nU_o \tag{4-32}$$

控制脉冲导通时，开关管 VT 导通，输入直流电压 U_i 加载到变压器 T 的初级绕组和开关管 VT 两端，流过初级绕组的电流 I_p 线性增加，在控制脉冲导通时间结束时流过初级绕组的电流最大，这个电流就是开关管 VT 最大允许集电极电流。假定单端反激式变换器工作在连续模式和不连续模式的临界状态（在控制脉冲截止时间的最后时刻，变压器储存的能量刚好释放完毕），因为流过初级绕组的电流 I_p 等于开关管 VT 的集电极电流，所以开关管 VT 的最大允许集电极电流为：

$$I_{CM} = I_{pm} = \frac{U_i}{L_p}t_{on} = \frac{2P_o}{U_iD} \tag{4-33}$$

如果反激式变换器工作在连续工作模式，开关管 VT 的最大允许集电极电流要比不连续工作模式下的大。

（二）二极管的选择

控制脉冲导通时，开关管 VT 导通，初级绕组上的电压为 $U_p = U_i$，其极性方向为"上正下负"，次级绕组上的电压为 $U_s = U_i/n$，其极性方向为"上负下正"，二极管 VD 截止。所以，二极管反向最高工作电压为：

$$U_{RM} = U_o + \frac{U_i}{n} \tag{4-34}$$

控制脉冲截止时，开关管 VT 截止，变压器 T 次级绕组上的电压为 $U_s = U_o$，其极性方向为"上正下负"，二极管 VD 导通。在控制脉冲截止期间，流过次级绕组的电流 I_s（也就是流过二极管 VD 的电流）线性减小，二极管正向最大平均电流为：

$$I_F = I_o \tag{4-35}$$

五、反激式变压器的设计

在反激式变压器的设计过程中需要用到很多公式，公式中各参数的单位如下：U_i、U_o—V，T、t_{on}—μs，P_o—W，B_m—GS，R_L—Ω，L_g—cm，I_{pm}、I_o—A，j—A/mm²，L_p—μH。公式中参数关系有：$n = \frac{N_p}{N_s}$、$D = \frac{T_{on}}{T}$、$f = \frac{1}{T}$，另外在公式计算均忽略了变压器效率。

（一）确定电源的规格

（1）确定输入电压的范围：$U_{imin} \sim U_{imax}$。

（2）确定输出电压 U_o 和输出电流 I_o。

（二）工作频率和最大占空比的确定

（1）确定电源的工作频率 f。

（2）确定最大占空比 D_{max}。

（三）变压器匝比的确定

根据式（4-26）可得：

$$U_o(1-D)n = DU_i \tag{4-36}$$

将最小输入电压和最大占空比代入式（4-36）可得：

$$U_o(1-D_{max})n = D_{max}U_{imin} \tag{4-37}$$

根据式（4-37）确定变压器的匝比 n。

（四）变压器初级绕组峰值电流 I_{pm} 的计算

变压器初级绕组峰值电流 I_{pm} 为：

$$I_{pm} = \frac{2P_o}{U_iD} \tag{4-38}$$

（五）变压器初级绕组的电感 L_p 的计算

变压器初级绕组的电感 L_p 为：

$$L_p = \frac{2P_oT}{I_{pm}^2} \tag{4-39}$$

（六）确定变压器磁芯

（1）确定磁芯的材料和类型。

（2）确定磁芯的尺寸。

磁芯的尺寸的计算公式为：

$$A_wA_e = \frac{P_o \times 10^6}{2K_oK_cfB_mj} \tag{4-40}$$

式中 A_w——磁芯窗口面积，cm^2；

A_e——磁芯有效截面面积，cm^2；

K_o——磁芯窗口利用系数，通常取 $K_o=0.4$；

K_c——磁芯的填充系数，对于铁氧体来说 $K_c=1$；

B_m——磁芯最大工作磁通密度，带气隙的变压器常取 B_m 为 1 000 ~ 4 000 GS；

P_o——输出功率；

j——电流密度。

根据式（4-40）计算出 A_wA_e 的大小，对照磁芯生产厂家给出的参数，确定尺寸型号。

（七）变压器初级绕组匝数和气隙的计算

1. 初级绕组匝数的计算

初级绕组的匝数的计算公式为：

$$N_p = \frac{L_pI_{pm} \times 10^2}{A_e(B_m - B_r)} \tag{4-41}$$

式中 N_p——初级绕组匝数；

B_r——磁芯的剩磁，常取 B_r 为 500 ~ 10 000 GS；

L_p——初级绕组的电感；

I_{pm}——初级绕组的峰值电流。

根据式(4-41)计算出初级绕组的匝数 N_p 并取整。

2. 气隙长度的计算

反激式变压器为了防止磁芯饱和，常常需要在磁芯中增加气隙，气隙长度的计算公式为：

$$L_g = \frac{0.4\pi L_p I_{pm}^2 \times 10^2}{A_e B_m} \tag{4-42}$$

（八）次级绕组匝数的计算

次级绕组匝数的计算公式为：

$$N_s = \frac{N_p}{n} \tag{4-43}$$

根据式(4-43)计算出次级绕组的匝数 N_s 并取整。变压器实际的匝比为 $n = \frac{N_p}{N_s}$。

（九）重新核算占空比 D_{max} 和 D_{min}

(1)根据 $U_{imin}D_{max} = U_o(1 - D_{max})n$ 可得：

$$D_{max} = \frac{U_o n}{U_o n + U_{imin}} \tag{4-44}$$

(2)根据 $U_{imax}D_{min} = U_o(1 - D_{min})n$ 可得：

$$D_{min} = \frac{U_o n}{U_o n + U_{imax}} \tag{4-45}$$

（十）计算初级绕组电流有效值 $I_{p(rms)}$ 和次级绕组电流有效值 $I_{s(rms)}$

(1)初级绕组电流有效值 $I_{p(rms)}$ 为：

$$I_{p(rms)} = I_{pm}\sqrt{D_{max}\left(\frac{K_{Rp}^2}{3} - K_{Rp} + 1\right)}$$

式中 I_{pm}——一次峰值电流；

D_{max}——最大占空比；

K_{Rp}——脉动系数。

(2)次级绕组电流有效值 $I_{s(rms)}$ 为：

$$I_{s(rms)} = I_{pm} \cdot \frac{N_p}{N_s}\sqrt{(1 - D_{max})\left(\frac{K_{Rp}^2}{3} - K_{Rp} + 1\right)}$$

式中符号意义同前。

（十一）计算初级绕组和次级绕组线径

(1)导线横截面面积的计算。

初级绕组导线横截面面积的计算公式：

$$S_1 = \frac{I_{p(rms)}}{j} \tag{4-46}$$

次级绕组导线横截面积的计算公式：

$$S_2 = \frac{I_{s(rms)}}{j} \tag{4-47}$$

(2)线径及根数的选取。

考虑到导线的趋肤效应,导线的线径建议不超过穿透厚度的 2 倍。穿透厚度的计算公式为:

$$穿透厚度 = \frac{66.1 \times K}{\sqrt{f}} \tag{4-48}$$

式中 K——绕组导线的材质常数,铜线在 20 ℃时 $K = 1$;

f——开关电源的频率,Hz。

根据式(4-48)确定导线线径的最大值,另外在选择导线线径时尽量满足每层线圈刚好绕满磁芯。

(3)确定变压器初级线圈线径和根数。

(4)确定变压器次级线圈线径和根数。

第五节 单端正激式变换器

一、电路组成

单端正激式变换器的拓扑结构如图 4-11 所示。图中 VT 为功率调整管(功率开关管),L 为储能电感,C 为滤波电容,VD_1、VD_2 为整流二极管,U_i 为输入的直流电压,U_o 为输出的直流电压,变压器 T 初级绕组和次级绕组极性相同,匝比为 $n = \frac{N_p}{N_s}$,其中 N_p 为初级绕组匝数,N_s 为次级绕组匝数。该电路的功能是把输入的直流电压 U_i 转换成输出的直流电压 U_o。

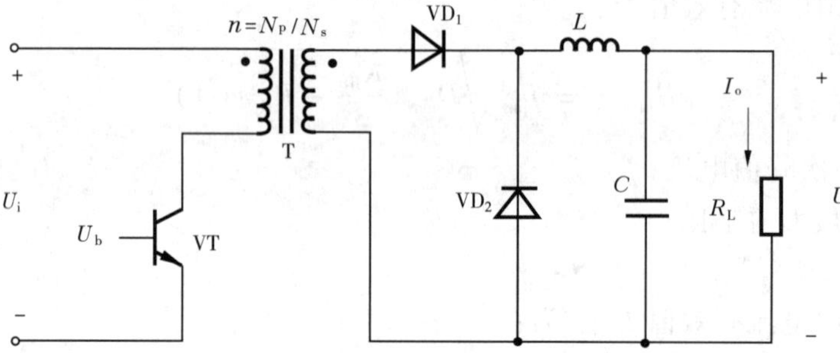

图 4-11 单端正激式变换器的拓扑结构

二、工作原理

控制脉冲导通时,开关管 VT 导通,输入直流电压 U_i 加载到变压器 T 的初级绕组和开关管 VT 两端。忽略开关管的导通压降,初级绕组上的电压为 $U_p = U_i$,其极性方向为“上正下负”,次级绕组上的电压为 $U_s = U_i/n$,其极性方向也是“上正下负”,所以二极管 VD_1 导通、VD_2 截止。次级绕组上的电压 $U_s = U_i/n$ 经过二极管 VD_1、电感 L 给电容 C 和负载 R_L 供电,电感 L 储存能量。在控制脉冲导通期间,变压器 T 初级绕组接收到的能量通过次级绕组完全释放,所以变压器在控制脉冲导通期间不会储存能量。

控制脉冲截止时,开关管 VT 截止,此时二极管 VD_1 截止、二极管 VD_2 导通。储能电感

L 产生感应电动势(电动势方向为“右正左负”)给负载 R_L 和电容 C 供电,在供电过程中,储能电感 L 释放能量。

三、去磁绕组

根据单端正激式变换器的工作原理,变压器 T 在控制脉冲导通期间初级绕组接收到的能量通过次级绕组完全释放,所以变压器不存在能量剩余的问题。但是变压器 T 在控制脉冲的导通期间,由于开关管 VT 和二极管 VD_1 导通,绕组有电流流过,通过绕组的电流产生磁场,变压器的磁芯被磁化。控制脉冲由导通变成截止的时候,由于开关管 VT 和二极管 VD_1 截止,通过绕组的电流为零,此时磁场消失,但是变压器的磁芯经过磁化以后会有剩磁存在。控制脉冲每过一个周期,剩磁积累一次,在控制脉冲截止时,积累下来的剩磁在初级绕组产生感应电动势 U_{pC},其极性方向为“下正上负”,积累的剩磁越多,感应电动势 U_{pC} 越大。在控制脉冲截止时,开关管 VT 的集电极和发射极之间的电压为:$U_{CE}=U_i+U_{pC}$,随着剩磁的积累,感应电动势 U_{pC} 随之增大,最后导致开关管 VT 被击穿。为了防止积累的剩磁过多最后导致开关管损坏,在单端正激式变换器电路中需要增加消除剩磁的去磁绕组。带去磁绕组的单端正激式变换器电路如图 4-12 所示。

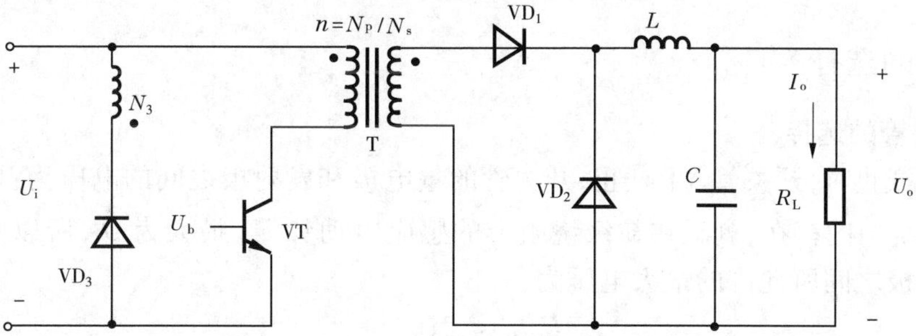

图 4-12 带去磁绕组的单端正激式变换器电路

在图 4-12 中,去磁绕组 N_3 和二极管 VD_3 串联,去磁绕组 N_3 和初级绕组 N_p 匝数相同,对应的极性相反。当积累的剩磁在初级绕组上产生的感应电动势 $U_{pC}<U_i$ 时,二极管 VD_3 截止,变压器的剩磁仍然存在。当积累的剩磁在初级绕组上产生的感应电动势 $U_{pC}>U_i$ 时,二极管 VD_3 导通,变压器的剩磁释放消除。

四、输出电压 U_o 与输入电压 U_i 的关系

假定开关管和二极管导通时等效成开关闭合(短路),截止时等效成开关断开(断路)。单端正激式变换器在控制脉冲导通时,开关管 VT 导通,二极管 VD_1 导通、VD_2 截止。次级绕组上的电压 $U_s=U_i/n$ 经过二极管 VD_1、电感 L 给电容 C 和负载 R_L 供电,电感 L 储存能量。控制脉冲截止时,开关管 VT 截止,二极管 VD_1 截止、VD_2 导通。储能电感 L 产生感应电动势(电动势方向为“右正左负”)给负载 R_L 和电容 C 供电,储能电感 L 释放能量。单端正激式变换器在控制脉冲导通和截止时的等效电路如图 4-13 所示。

图 4-13 中,控制脉冲导通和截止时单端正激式变换器输出回路的等效电路和降压式变换器在控制脉冲导通和截止时的等效电路一样,唯一的区别是:降压式变换器在控制脉冲导

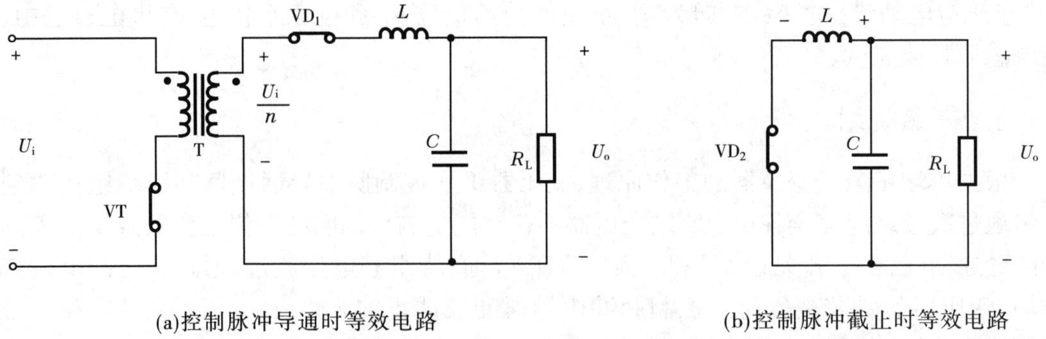

图 4-13　单端正激式变换器在控制脉冲导通和截止时的等效电路

通时输出回路的输入直流电压为 U_i，而单端正激式变换器在控制脉冲导通时输出回路的输入直流电压为$\frac{U_i}{n}$。根据降压式变换器输出电压和输入电压的关系式 $U_o = DU_i$，可以得出单端正激式变换器输出电压和输入电压的关系为：

$$U_o = \frac{D}{n}U_i \tag{4-49}$$

五、元件的选择

（一）开关管的选择

控制脉冲截止时，开关管 VT 截止，开关管的集电极和发射极之间的电压为：$U_{CE} = U_i + U_{pC}$，由于去磁绕组的存在，剩磁在初级绕组上的感应电动势 U_{pC} 最大为 U_i，所以开关管 VT 集电极与发射极之间所允许的最大电压为：

$$U_{CEO} = 2U_i \tag{4-50}$$

控制脉冲导通时，开关管 VT 导通，变压器 T 的初级绕组两端电压为 U_i，流过初级绕组的电流 I_p 从零开始线性增加，在控制脉冲导通时间结束时，流过初级绕组的电流最大 I_{pm}，这个电流就是开关管 VT 最大允许集电极电流。

$$I_{CM} = I_{pm} = \frac{2P_o}{U_iD} = \frac{2I_o}{n} \tag{4-51}$$

（二）二极管的选择

控制脉冲截止时，开关管 VT 截止，二极管 VD_1 截止、二极管 VD_2 导通。由于去磁绕组的存在，变压器积累的剩磁在初级绕组上产生的感应电动势 U_{pC} 最大为 U_i，极性为“上负下正”，次级绕组上感应到的最大电压为$\frac{U_i}{n}$，极性也是“上负下正”。所以，二极管 VD_1 截止时反向承受的最高电压为：

$$U_{RM} = U_i/n \tag{4-52}$$

控制脉冲导通时，开关管 VT 导通，初级绕组上的电压为 $U_p = U_i$，其极性方向为“上正下负”，次级绕组上的电压为 $U_s = U_i/n$，其极性方向为“上正下负”，二极管 VD_1 导通、VD_2 截止。二极管 VD_2 截止时反向承受的最高电压为：

$$U_{RM} = U_i/n \tag{4-53}$$

二极管 VD_1、VD_2 正向最大平均电流为：

$$I_F = I_o D \tag{4-54}$$

（三）其他元件的选择

单端正激式变换器中储能电感 L 和滤波电容 C 的选择参照降压式变换器中电感和电容的选择式(4-10)和式(4-11)，唯一的区别是把式(4-10)和式(4-11)中的输入直流电压 U_i 换成 U_i/n。

第六节　推挽式变换器

一、双端变换器的控制脉冲

降压式、升压式、单端反激式和单端正激式变换器等四种拓扑结构中都只有一个开关管，所以它们只需要一路控制脉冲。这四种变换器的输出功率总体比较小，这是因为变换器的输出功率往往受到开关管的极限参数 U_{CEO} 和 I_{CM} 的限制。如果想增大变换器的输出功率，必然会增加开关管极限参数选择的难度，这时可以考虑用两个(组)开关管组成变换器的拓扑结构，这就是双端变换器。双端变换器有三种类型：推挽式变换器、半桥式变换器和全桥式变换器。双端变换器有两个(组)开关管，所以需要两路控制脉冲进行驱动。

在双端变换器中，驱动两个(组)开关管的两路控制脉冲必须满足以下两个要求：

(1)两路控制脉冲的占空比相等，也就是 $D_1 = \frac{t_{on1}}{T} = D_2 = \frac{t_{on2}}{T}$。

(2)两路控制脉冲必须保证两个(组)开关管不能同时导通。为了满足这一条件，两个(组)开关管各工作半个周期，所以要求两路控制脉冲的占空比小于0.5。

根据上面两个要求，双端变换器的两路控制脉冲如图 4-14 所示，图中 $t_{on1} = t_{on2}$。

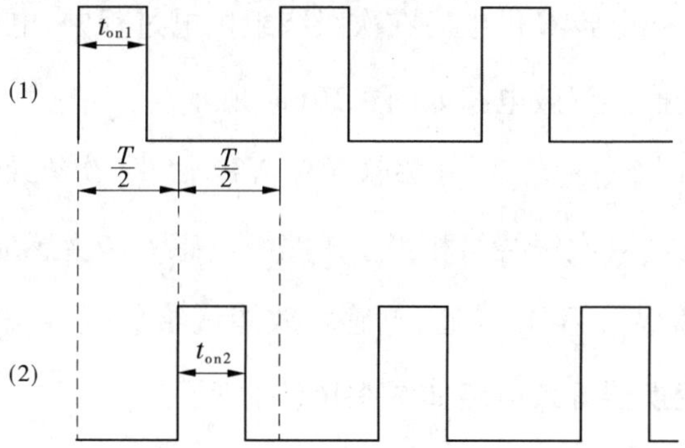

图 4-14　双端变换器的两路控制脉冲

二、推挽式变换器的电路组成

推挽式变换器的拓扑结构如图 4-15 所示。

图中 VT_1 和 VT_2 为开关管，VD_1、VD_2 为整流二极管，L 为储能电感，C 为滤波电容，U_i 为输入的直流电压，U_o 为输出的直流电压。变压器 T 初级绕组和次级绕组极性相同，匝比

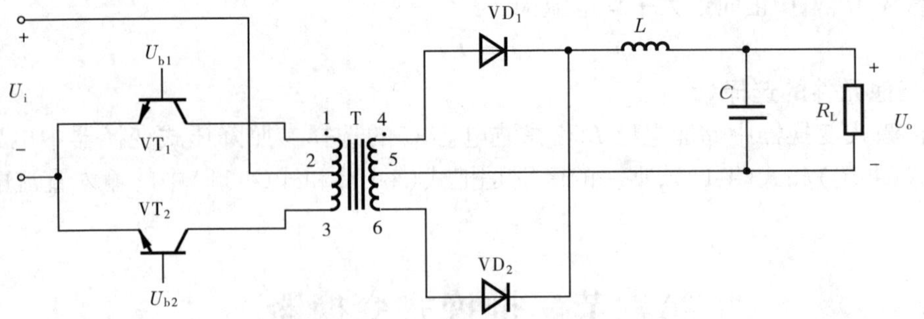

图 4-15 推挽式变换器的拓扑结构

为 $n=\frac{N_p}{N_s}=\frac{N_{12}+N_{23}}{N_{45}+N_{56}}$,其中 $N_{12}=N_{23}$,$N_{45}=N_{56}$。该电路的功能是把输入的直流电压 U_i 转换成输出的直流电压 U_o。

三、工作原理

推挽式变换器有两个开关管 VT_1 和 VT_2,需要两路控制脉冲进行驱动,假定图 4-14 中第一路控制脉冲驱动开关管 VT_1,第二路控制脉冲驱动开关管 VT_2。

(一)前$\frac{T}{2}$:开关管 VT_1 工作,开关管 VT_2 不工作

前$\frac{T}{2}$控制脉冲导通时(t_{on1}),开关管 VT_1 导通,开关管 VT_2 截止。输入直流电压 U_i 经过 VT_1 加载在变压器初级绕组 2、1 端,初级绕组上的电压为 $U_{21}=U_{32}=U_i$,对应的次级绕组上的电压为 $U_{65}=U_{54}=\frac{U_i}{n}$,二极管 VD_2 导通,VD_1 截止,次级绕组 6、5 端电压$\frac{U_i}{n}$经过二极管 VD_2 和电感 L 给负载 R_L 和电容 C 供电。在次级绕组供电过程中,电感 L 储存能量。前$\frac{T}{2}$控制脉冲导通时,推挽式变换器等效电路如图 4-16(a)所示。

前$\frac{T}{2}$控制脉冲截止时($\frac{T}{2}-t_{on1}$),开关管 VT_1、VT_2 截止,初级绕组上的电压为零,对应的次级绕组上的电压也为零,次级绕组相当于短路。电感 L 产生感应电动势,感应电动势极性为“右正左负”,二极管 VD_1、VD_2 导通,电感释放能量给负载 R_L 和电容 C 供电。前$\frac{T}{2}$控制脉冲截止时,推挽式变换器等效电路如图 4-16(b)所示。

(二)后$\frac{T}{2}$:开关管 VT_1 不工作,开关管 VT_2 工作

后$\frac{T}{2}$控制脉冲导通时(t_{on2}),开关管 VT_1 截止,开关管 VT_2 导通。输入直流电压 U_i 经过 VT_2 加载在变压器初级绕组 2、3 端,初级绕组上的电压为 $U_{23}=U_{12}=U_i$,对应的次级绕组上的电压为 $U_{45}=U_{56}=\frac{U_i}{n}$,二极管 VD_1 导通,VD_2 截止,次级绕组 4、5 端电压$\frac{U_i}{n}$经过二极管 VD_1 和电感 L 给负载 R_L 和电容 C 供电。在次级绕组供电过程中,电感 L 储存能量。后$\frac{T}{2}$控

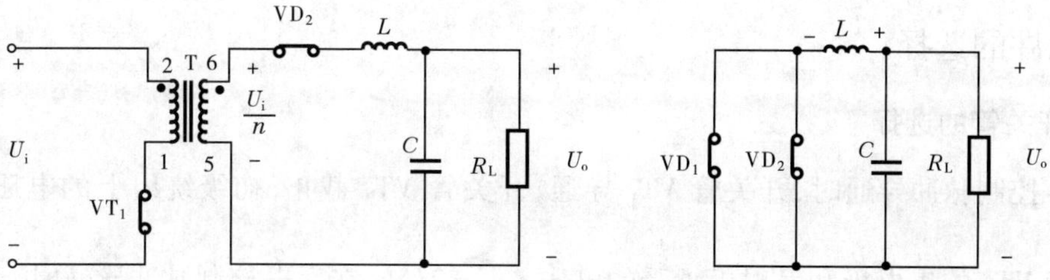

(a)控制脉冲导通时等效电路　　(b)控制脉冲截止时等效电路

图 4-16　推挽式变换器前$\frac{T}{2}$的等效电路

制脉冲导通时，推挽式变换器等效电路如图 4-17(a)所示。

后$\frac{T}{2}$控制脉冲截止时($\frac{T}{2}-t_{on2}$)，开关管 VT_1、VT_2 截止，初级绕组上的电压为零，对应的次级绕组上的电压也为零，次级绕组相当于短路。电感 L 产生感应电动势，感应电动势极性为“右正左负”，二极管 VD_1、VD_2 导通，电感释放能量给负载 R_L 和电容 C 供电。后$\frac{T}{2}$控制脉冲截止时，推挽式变换器等效电路如图 4-17(b)所示。

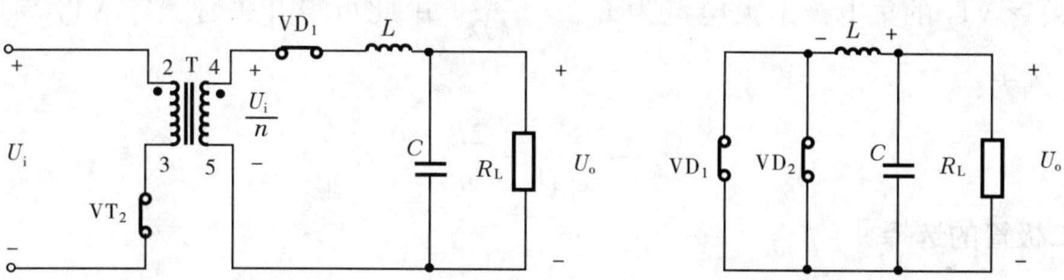

(a)控制脉冲导通时等效电路　　(b)控制脉冲截止时等效电路

图 4-17　推挽式变换器后$\frac{T}{2}$的等效电路

四、输出电压 U_0 与输入电压 U_i 的关系

把图 4-16、图 4-17 和图 4-13 对比，发现推挽式变换器在前$\frac{T}{2}$和后$\frac{T}{2}$各相当于一个单端正激式变换器。在前$\frac{T}{2}$，推挽式变换器可以等效成一个单端正激式变换器，其占空比$D_1=\frac{2t_{on1}}{T}$。在后$\frac{T}{2}$，推挽式变换器也可以等效成一个单端正激式变换器，其占空比 $D_2=\frac{2t_{on2}}{T}$。根据前$\frac{T}{2}$和后$\frac{T}{2}$的占空比一样($D_1=D_2=2D$)及单端正激式变换器输出电压和输入电压关系式($U_o=\frac{D}{n}U_i$)，可得推挽式变换器输出电压 U_o 与输入电压 U_i 的关系：

$$U_o=\frac{2D}{n}U_i \tag{4-55}$$

五、元件的选择

（一）开关管的选择

在前$\frac{T}{2}$控制脉冲导通时，开关管 VT_1 导通，开关管 VT_2 截止，初级绕组上的电压$U_{31}=2U_i$，开关管 VT_2 的集电极和发射极承受的电压 $U_{CE}=2U_i$。在后$\frac{T}{2}$控制脉冲导通时，开关管 VT_1 截止，开关管 VT_2 导通，初级绕组上的电压 $U_{13}=2U_i$，开关管 VT_1 的集电极和发射极承受的电压 $U_{CE}=2U_i$。由此可得开关管 VT_1、VT_2 截止时集电极和发射极承受的最大电压为：

$$U_{CEO} = 2U_i \tag{4-56}$$

推挽式变换器的等效电路，在前$\frac{T}{2}$相当于一个单端正激式变换器，当控制脉冲导通时，开关管 VT_1 导通，开关管 VT_2 截止，流过开关管 VT_1 的集电极最大电流为 $I_{CM1}=\frac{P_o}{U_i D}$。在后$\frac{T}{2}$也相当于一个单端正激式变换器，当控制脉冲导通时，开关管 VT_1 截止，开关管 VT_2 导通，流过开关管 VT_2 的集电极最大电流为 $I_{CM2}=\frac{P_o}{U_i D}$。由此可得开关管 VT_1、VT_2 导通时集电极最大电流为：

$$I_{CM} = \frac{P_o}{U_i D} = \frac{2I_o}{n} \tag{4-57}$$

（二）二极管的选择

在前$\frac{T}{2}$控制脉冲导通时，初级绕组上的电压为 $U_{31}=2U_i$，次级绕组上的电压为 $U_{64}=\frac{2U_i}{n}$，二极管 VD_2 导通，VD_1 截止，二极管 VD_1 承受的反向峰值电压为 $U_{RM1}=\frac{2U_i}{n}$。在后$\frac{T}{2}$控制脉冲导通时，初级绕组上的电压为 $U_{13}=2U_i$，次级绕组上的电压为 $U_{46}=\frac{2U_i}{n}$，二极管 VD_1 导通，VD_2 截止，二极管 VD_2 承受的反向峰值电压为 $U_{RM2}=\frac{2U_i}{n}$。由此可得整流二极管 VD_1、VD_2 承受的最大反向峰值电压为：

$$U_{RM} = \frac{2U_i}{n} \tag{4-58}$$

在前$\frac{T}{2}$控制脉冲导通时，二极管 VD_2 导通，VD_1 截止；在前$\frac{T}{2}$控制脉冲截止时，二极管 VD_1、VD_2 导通。在后$\frac{T}{2}$控制脉冲导通时，二极管 VD_1 导通，VD_2 截止；在后$\frac{T}{2}$控制脉冲截止时，二极管 VD_1、VD_2 导通。整流二极管 VD_1、VD_2 的正向最大平均电流为：

$$I_F = I_o D + (1-2D)\frac{I_o}{2} \tag{4-59}$$

第七节　半桥式变换器

一、半桥式变换器的电路组成

半桥式变换器的拓扑结构如图 4-18 所示。

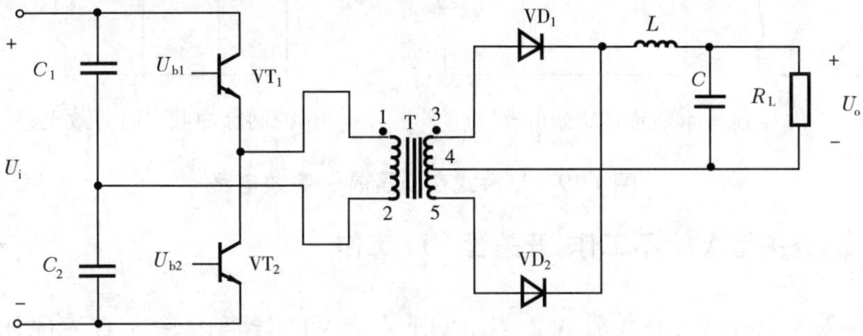

图 4-18　半桥式变换器的拓扑结构

图中 VT_1 和 VT_2 为开关管，VD_1、VD_2 为整流二极管，电容 $C_1=C_2$，L 为储能电感，C 为滤波电容，U_i 为输入的直流电压，U_o 为输出的直流电压。变压器 T 初级绕组和次级绕组极性相同，匝比为 $n=\frac{N_p}{N_s/2}=\frac{N_{12}}{N_{34}}=\frac{N_{12}}{N_{45}}$，其中 $N_{34}=N_{45}$。该电路完成把输入的直流电压 U_i 转换成输出的直流电压 U_o 的功能。

二、工作原理

半桥式变换器有两个开关管 VT_1 和 VT_2，需要两路控制脉冲进行驱动，假定图 4-14 中第一路控制脉冲驱动开关管 VT_1，第二路控制脉冲驱动开关管 VT_2。由于电容 $C_1=C_2$，所以半桥式变换器在稳定工作时 $U_{C1}=U_{C2}=\frac{U_i}{2}$。

（一）前 $\frac{T}{2}$：开关管 VT_1 工作，开关管 VT_2 不工作

前 $\frac{T}{2}$ 控制脉冲导通时，开关管 VT_1 导通，开关管 VT_2 截止。输入直流电压 U_i 经过 VT_1 加载在变压器初级绕组和电容 C_2 两端，初级绕组上的电压为 $U_{12}=U_i-U_{C2}=\frac{U_i}{2}$，对应的次级绕组上的电压为 $U_{34}=U_{45}=\frac{U_i}{2n}$。二极管 VD_1 导通，VD_2 截止，次级绕组 3、4 端电压 $\frac{U_i}{2n}$ 经过二极管 VD_1 和电感 L 给负载 R_L 和电容 C 供电。在次级绕组供电过程中，电感 L 储存能量。前 $\frac{T}{2}$ 控制脉冲导通时，半桥式变换器等效电路如图 4-19(a)所示。

前 $\frac{T}{2}$ 控制脉冲截止时，开关管 VT_1、VT_2 截止，初级绕组上的电压为零，对应的次级绕组上的电压也为零，次级绕组相当于短路。电感 L 产生感应电动势，感应电动势极性为“右正

左负”，二极管 VD_1、VD_2 导通，电感释放能量给负载 R_L 和电容 C 供电。前$\frac{T}{2}$控制脉冲截止时，半桥式变换器等效电路如图 4-19(b)所示。

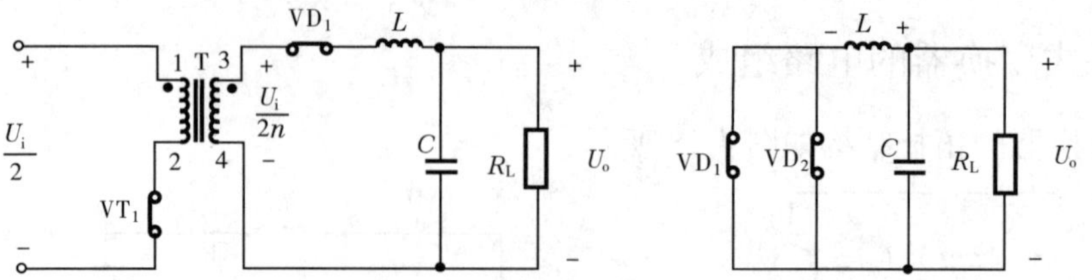

(a)控制脉冲导通时等效电路　　(b)控制脉冲截止时等效电路

图 4-19　半桥式变换器前$\frac{T}{2}$等效电路

(二)后$\frac{T}{2}$：开关管 VT_1 不工作，开关管 VT_2 工作

后$\frac{T}{2}$控制脉冲导通时，开关管 VT_1 截止，开关管 VT_2 导通。输入直流电压 U_i 经过电容 C_1 加载在变压器初级绕组和开关管 VT_2 两端，初级绕组上的电压为 $U_{21}=U_i-U_{C1}=\frac{U_i}{2}$，对应的次级绕组上的电压为 $U_{43}=U_{54}=\frac{U_i}{2n}$。二极管 VD_1 截止，VD_2 导通，次级绕组 5、4 端电压$\frac{U_i}{2n}$经过二极管 VD_2 和电感 L 给负载 R_L 和电容 C 供电。在次级绕组供电过程中，电感 L 储存能量。后$\frac{T}{2}$控制脉冲导通时，半桥式变换器等效电路如图 4-20(a)所示。

后$\frac{T}{2}$控制脉冲截止时，开关管 VT_1、VT_2 截止，初级绕组上的电压为零，对应的次级绕组上的电压也为零，次级绕组相当于短路。电感 L 产生感应电动势，感应电动势极性为“右正左负”，二极管 VD_1、VD_2 导通，电感释放能量给负载 R_L 和电容 C 供电。后$\frac{T}{2}$控制脉冲截止时，半桥式变换器等效电路如图 4-20(b)所示。

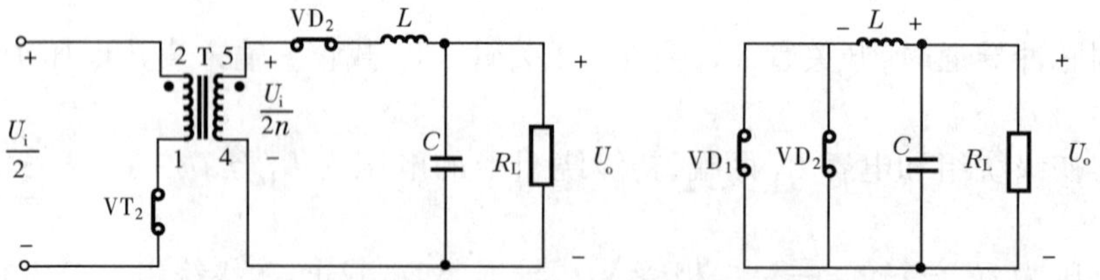

(a)控制脉冲导通时等效电路　　(b)控制脉冲截止时等效电路

图 4-20　半桥式变换器后$\frac{T}{2}$等效电路

三、输出电压 U_o 与输入电压 U_i 的关系

根据图 4-19、图 4-20，半桥式变换器在前$\frac{T}{2}$和后$\frac{T}{2}$各相当于一个单端正激式变换器。在

前$\frac{T}{2}$,半桥式变换器可以等效成一个单端正激式变换器,占空比为 $D_1 = \frac{2t_{on}}{T} = 2D$,输入直流电压 $U_{i1} = \frac{U_i}{2}$。在后$\frac{T}{2}$,半桥式变换器也可以等效成一个单端正激式变换器,占空比为 $D_2 = \frac{2t_{on}}{T} = 2D$,输入直流电压 $U_{i2} = \frac{U_i}{2}$。根据单端正激式变换器输出电压和输入电压关系式 $U_o = \frac{D}{n}U_i$,可得半桥式变换器输出电压 U_o 与输入电压 U_i 的关系:

$$U_o = \frac{D}{n}U_i \tag{4-60}$$

四、元件的选择

(一)开关管的选择

在前$\frac{T}{2}$控制脉冲导通时,开关管 VT_1 导通,开关管 VT_2 截止,初级绕组和电容 C_2 的电压相加为 $U_{12} + U_{C2} = U_i$,开关管 VT_2 的集电极和发射极承受的电压为 $U_{CE} = U_i$。在后$\frac{T}{2}$控制脉冲导通时,开关管 VT_1 截止,开关管 VT_2 导通,初级绕组和电容 C_1 的电压相加为 $U_{21} + U_{C1} = U_i$,开关管 VT_1 的集电极和发射极承受的电压为 $U_{CE} = U_i$。由此可得开关管 VT_1、VT_2 截止时集电极和发射极承受的最大电压为:

$$U_{CEO} = U_i \tag{4-61}$$

半桥式变换器的等效电路,在前$\frac{T}{2}$相当于一个单端正激式变换器,当控制脉冲导通时,开关管 VT_1 导通,开关管 VT_2 截止,流过开关管 VT_1 的集电极最大电流为 $I_{CM1} = \frac{2P_o}{U_iD}$。在后$\frac{T}{2}$也相当于一个单端正激式变换器,当控制脉冲导通时,开关管 VT_1 截止,开关管 VT_2 导通,流过开关管 VT_2 的集电极最大电流为 $I_{CM2} = \frac{2P_o}{U_iD}$。由此可得开关管 VT_1、VT_2 导通时集电极最大电流为:

$$I_{CM} = \frac{2P_o}{U_iD} = \frac{2I_o}{n} \tag{4-62}$$

(二)二极管的选择

在前$\frac{T}{2}$控制脉冲导通时,初级绕组上的电压为 $U_{12} = \frac{U_i}{2}$,次级绕组上的电压为 $U_{34} = U_{45} = \frac{U_i}{2n}$,二极管 VD_1 导通,VD_2 截止,二极管 VD_2 承受的反向峰值电压为 $U_{RM2} = \frac{U_i}{n}$。在后$\frac{T}{2}$控制脉冲导通时,初级绕组上的电压为 $U_{21} = \frac{U_i}{2}$,次级绕组上的电压为 $U_{43} = U_{54} = \frac{U_i}{2n}$,二极管 VD_1 截止,VD_2 导通,二极管 VD_1 承受的反向峰值电压为 $U_{RM1} = \frac{U_i}{n}$。由此可得整流二极

管 VD_1、VD_2 承受的最大反向峰值电压为：

$$U_{RM} = \frac{U_i}{n} \tag{4-63}$$

在前$\frac{T}{2}$控制脉冲导通时，二极管 VD_1 导通，VD_2 截止；在前$\frac{T}{2}$控制脉冲截止时，二极管 VD_1、VD_2 导通。在后$\frac{T}{2}$控制脉冲导通时，二极管 VD_1 截止，VD_2 导通；在后$\frac{T}{2}$控制脉冲截止时，二极管 VD_1、VD_2 导通。整流二极管 VD_1、VD_2 的正向最大平均电流为：

$$I_F = I_o D + (1 - 2D)\frac{I_o}{2} \tag{4-64}$$

第八节　全桥式变换器

一、全桥式变换器的电路组成

全桥式变换器的拓扑结构如图 4-21 所示。

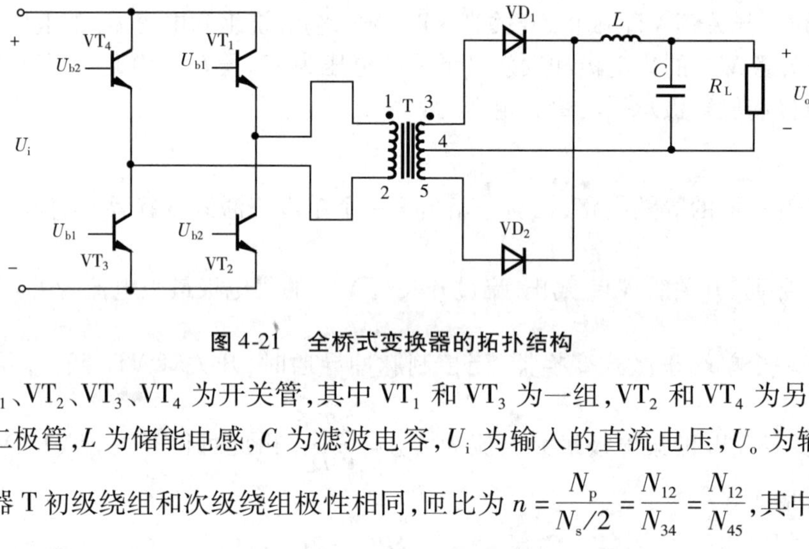

图 4-21　全桥式变换器的拓扑结构

图中 VT_1、VT_2、VT_3、VT_4 为开关管，其中 VT_1 和 VT_3 为一组，VT_2 和 VT_4 为另一组，VD_1、VD_2 为整流二极管，L 为储能电感，C 为滤波电容，U_i 为输入的直流电压，U_o 为输出的直流电压。变压器 T 初级绕组和次级绕组极性相同，匝比为 $n = \frac{N_p}{N_s/2} = \frac{N_{12}}{N_{34}} = \frac{N_{12}}{N_{45}}$，其中 $N_{34} = N_{45}$。该电路的功能是把输入的直流电压 U_i 转换成输出的直流电压 U_o。

二、工作原理

全桥式变换器有两组开关管 VT_1、VT_3 和 VT_2、VT_4，需要两路控制脉冲进行驱动，假定图 4-14中第一路控制脉冲驱动开关管 VT_1、VT_3，第二路控制脉冲驱动开关管 VT_2、VT_4。

（一）前$\frac{T}{2}$：开关管 VT_1、VT_3 工作，开关管 VT_2、VT_4 不工作

前$\frac{T}{2}$控制脉冲导通时，开关管 VT_1、VT_3 导通，开关管 VT_2、VT_4 截止。输入直流电压 U_i 经过开关管 VT_1、VT_3 加载在变压器初级绕组两端，初级绕组上的电压为 $U_{12} = U_i$，对应的次

级绕组上的电压为 $U_{34}=U_{45}=\frac{U_i}{n}$。二极管 VD_1 导通，VD_2 截止，次级绕组 3、4 端电压$\frac{U_i}{n}$经过二极管 VD_1 和电感 L 给负载 R_L 和电容 C 供电。在次级绕组供电过程中，电感 L 储存能量。前$\frac{T}{2}$控制脉冲导通时，全桥式变换器等效电路如图 4-22(a)所示。

前$\frac{T}{2}$控制脉冲截止时，开关管 VT_1、VT_2、VT_3、VT_4 截止，初级绕组上的电压为零，对应的次级绕组上的电压也为零，次级绕组相当于短路。电感 L 产生感应电动势，感应电动势极性为“右正左负”，二极管 VD_1、VD_2 导通，电感释放能量给负载 R_L 和电容 C 供电。前$\frac{T}{2}$控制脉冲截止时，全桥式变换器等效电路如图 4-22(b)所示。

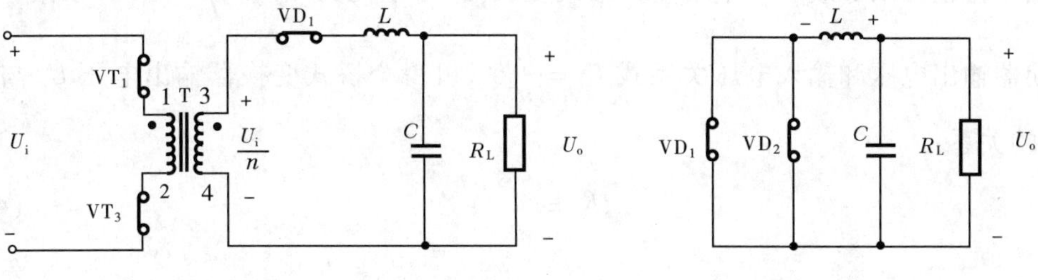

(a)控制脉冲导通时等效电路　　(b)控制脉冲截止时等效电路

图 4-22　全桥式变换器前$\frac{T}{2}$等效电路

(二)后$\frac{T}{2}$：开关管 VT_1、VT_3 不工作，开关管 VT_2、VT_4 工作

后$\frac{T}{2}$控制脉冲导通时，开关管 VT_1、VT_3 截止，开关管 VT_2、VT_4 导通。输入直流电压 U_i 经过开关管 VT_2、VT_4 加载在变压器初级绕组两端，初级绕组上的电压为 $U_{21}=U_i$，对应的次级绕组上的电压为 $U_{43}=U_{54}=\frac{U_i}{n}$。二极管 VD_1 截止，VD_2 导通，次级绕组 5、4 端电压$\frac{U_i}{n}$经过二极管 VD_2 和电感 L 给负载 R_L 和电容 C 供电。在次级绕组供电过程中，电感 L 储存能量。后$\frac{T}{2}$控制脉冲导通时，全桥式变换器等效电路如图 4-23(a)所示。

后$\frac{T}{2}$控制脉冲截止时，开关管 VT_1、VT_2、VT_3、VT_4 截止，初级绕组上的电压为零，对应的次级绕组上的电压也为零，次级绕组相当于短路。电感 L 产生感应电动势，感应电动势极性为“右正左负”，二极管 VD_1、VD_2 导通，电感释放能量给负载 R_L 和电容 C 供电。后$\frac{T}{2}$控制脉冲截止时，全桥式变换器等效电路如图 4-23(b)所示。

三、输出电压 U_o 与输入电压 U_i 的关系

根据图 4-22、图 4-23，全桥式变换器在前$\frac{T}{2}$和后$\frac{T}{2}$各相当于一个单端正激式变换器。在前$\frac{T}{2}$，全桥式变换器可以等效成一个单端正激式变换器，占空比为 $D_1=\frac{2t_{on}}{T}=2D$。在后$\frac{T}{2}$，

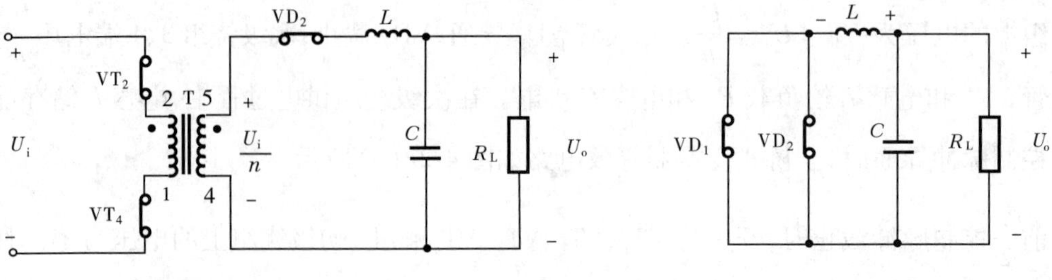

(a)控制脉冲导通时等效电路　　　　(b)控制脉冲截止时等效电路

图 4-23　全桥式变换器后$\frac{T}{2}$等效电路

全桥式变换器也可以等效成一个单端正激式变换器，占空比为 $D_2=\frac{2t_{on}}{T}=2D$。根据单端正激式变换器输出电压和输入电压关系式 $U_o=\frac{D}{n}U_i$，可得全桥式变换器输出电压 U_o 与输入电压 U_i 的关系：

$$U_o = \frac{2D}{n}U_i \tag{4-65}$$

四、元件的选择

（一）开关管的选择

在前$\frac{T}{2}$控制脉冲导通时，开关管 VT_1、VT_3 导通，开关管 VT_2、VT_4 截止，初级绕组的电压为 $U_{12}=U_i$，开关管 VT_2、VT_4 的集电极和发射极承受的电压为 $U_{CE2}=U_{CE4}=U_i$。在后$\frac{T}{2}$控制脉冲导通时，开关管 VT_1、VT_3 截止，开关管 VT_2、VT_4 导通，初级绕组的电压为 $U_{21}=U_i$，开关管 VT_1、VT_3 的集电极和发射极承受的电压为 $U_{CE1}=U_{CE3}=U_i$。由此可得开关管 VT_1、VT_2、VT_3、VT_4 截止时集电极和发射极承受的最大电压为：

$$U_{CEO} = U_i \tag{4-66}$$

全桥式变换器的等效电路，在前$\frac{T}{2}$相当于一个单端正激式变换器，当控制脉冲导通时，开关管 VT_1、VT_3 导通，开关管 VT_2、VT_4 截止，流过开关管 VT_1、VT_3 的集电极最大电流为 $I_{CM1}=I_{CM3}=\frac{P_o}{U_iD}$。在后$\frac{T}{2}$也相当于一个单端正激式变换器，当控制脉冲导通时，开关管 VT_1、VT_3 截止，开关管 VT_2、VT_4 导通，流过开关管 VT_2、VT_4 的集电极最大电流为 $I_{CM2}=I_{CM4}=\frac{P_o}{U_iD}$。由此可得开关管 VT_1、VT_2、VT_3、VT_4 导通时集电极最大电流为：

$$I_{CM} = \frac{P_o}{U_iD} = \frac{2I_o}{n} \tag{4-67}$$

（二）二极管的选择

在前$\frac{T}{2}$控制脉冲导通时，初级绕组上的电压为 $U_{12}=U_i$，次级绕组上的电压为 $U_{34}=$

$U_{45}=\frac{U_i}{n}$，二极管 VD_1 导通，VD_2 截止，二极管 VD_2 承受的反向峰值电压为 $U_{RM2}=\frac{2U_i}{n}$。在后 $\frac{T}{2}$ 控制脉冲导通时，初级绕组上的电压为 $U_{21}=U_i$，次级绕组上的电压为 $U_{43}=U_{54}=\frac{U_i}{n}$，二极管 VD_1 截止，VD_2 导通，二极管 VD_1 承受的反向峰值电压为 $U_{RM1}=\frac{2U_i}{n}$。由此可得整流二极管 VD_1、VD_2 承受的最大反向峰值电压为：

$$U_{RM}=\frac{2U_i}{n} \tag{4-68}$$

在前 $\frac{T}{2}$ 控制脉冲导通时，二极管 VD_1 导通，VD_2 截止；在前 $\frac{T}{2}$ 控制脉冲截止时，二极管 VD_1、VD_2 导通。在后 $\frac{T}{2}$ 控制脉冲导通时，二极管 VD_1 截止，VD_2 导通；在后 $\frac{T}{2}$ 控制脉冲截止时，二极管 VD_1、VD_2 导通。整流二极管 VD_1、VD_2 的正向最大平均电流为：

$$I_F=I_oD+(1-2D)\frac{I_o}{2} \tag{4-69}$$

五、双端变换器比较

双端变换器有推挽式、半桥式和全桥式三种，由于这三种变换器的拓扑结构不同，它们都有自己的一些特点。

（一）推挽式变换器的优缺点

1. 优点

推挽式变换器的优点主要有两个方面：

（1）输出功率比较大。

（2）两个开关管的发射极共地，驱动电路简单。

2. 缺点

推挽式变换器的缺点主要体现在：

（1）变压器绕组的利用率低，在控制脉冲前、后半个周期中，变压器的初级绕组只用了一半。

（2）开关管的耐压高（$U_{CEO}=2U_i$），所以推挽式变换器适用于输入电压 U_i 比较低、输出功率比较大的场合。

（二）半桥式变换器的优缺点

1. 优点

半桥式变换器的优点主要体现在：

（1）输出功率比较大，但比全桥式变换器要小。

（2）桥式的拓扑结构抗不平衡能力很强。

（3）开关管的耐压低（$U_{CEO}=U_i$）。

2. 缺点

半桥式变换器的缺点主要有两个方面：

（1）输入电压 U_i 利用率低，初级绕组上获得的电压只有实际输入电压的一半。

(2)由于电容 C_1 和 C_2 的存在,电容通过初级绕组放电,致使电压顶部倾斜。

(三)全桥式变换器的优缺点

1. 优点

全桥式变换器的优点主要体现在:

(1)输出功率大。

(2)桥式的拓扑结构抗不平衡能力很强。

(3)开关管的耐压低($U_{CEO}=U_i$)。

2. 缺点

全桥式变换器的缺点是电路中开关管的个数由两个变成四个,电路变得更复杂。

推挽式、半桥式和全桥式变换器的参数对照如表 4-1 所示。

表 4-1 推挽式、半桥式和全桥式变换器的参数对照

参数	类型		
	推挽式	半桥式	全桥式
U_o 与 U_i 的关系	$U_o=\frac{2D}{n}U_i$	$U_o=\frac{D}{n}U_i$	$U_o=\frac{2D}{n}U_i$
U_{CEO}	$2U_i$	U_i	U_i
I_{CM}	$\frac{P_o}{U_iD}$	$\frac{2P_o}{U_iD}$	$\frac{P_o}{U_iD}$
U_{RM}	$\frac{2U_i}{n}$	$\frac{U_i}{n}$	$\frac{2U_i}{n}$
I_F	$I_oD+(1-2D)\frac{I_o}{2}$	$I_oD+(1-2D)\frac{I_o}{2}$	$I_oD+(1-2D)\frac{I_o}{2}$

第五章　开关电源控制电路

第一节　自激式控制电路

一、自激式降压式开关电源

图 5-1 为自激式降压式开关电源的基本电路。图中 VT_1 为开关管，T 为储能电感，V_1 为续流二极管，C_2、C_3 为输入/输出电压滤波电容，VT_2 为脉宽调制器，VT_3 为误差检出放大器，VS_2、R_4 构成基准电压电路，R_5、R_6 为输出电压取样分压器。VT_1 和 T 组成最基本的间歇振荡电路，VT_1 无需外加驱动脉冲。T 有两种功能：一是由初级绕组 1—2 构成储能电感；二是初级绕组 1—2 和次级绕组 3—4 构成脉冲变压器，使得 VT_1 可以依靠脉冲变压器的正反馈作用产生间歇振荡。

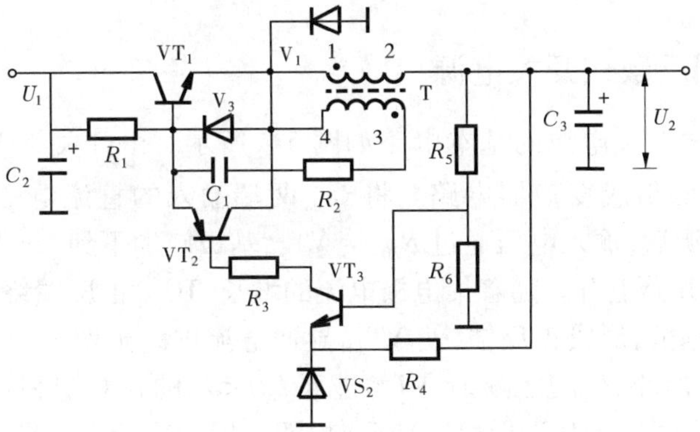

图 5 1　自激式降压式开关电源的基本电路

在间歇振荡的过程中，VT_1 随每个振荡周期通断一次，完成开关管的功能。电路中的间歇振荡器属发射极输出反馈电路。接通电源时，输入电流通过 R_1 给 VT_1 基极初始偏置电流 I_b，VT_1 产生发射极电流，向 C_3 充电。充电开始，输入电压几乎全部加在 T 绕组 1—2 两端，线性上升的 T 初级电流在 T 次级绕组产生感应电压，从 T 绕组 3 端经 R_2、C_1 加到 VT_1 的基极。由于 T 的初、次级相位关系，T 绕组 3 端脉冲与 1 端同相位，构成正反馈。VT_1 发射极电流的上升，使 T 绕组 3 端产生加强的感应脉冲。当感应脉冲加入 VT_1 基极，会使 I_b 上升。因为 $I_e = I_b(1+\beta)$，所以 I_e 以 I_b 的 $(1+\beta)$ 倍的速度增长，直到 VT_1 达到饱和，基极电流失去对 I_e 的控制功能，此时 VT_1 进入饱和区。饱和以后，VT_1 基极不能继续控制 I_e，正反馈作用消失，C_1 通过 V_3 放电，I_b 下降，使 $I_b(1+\beta) < I_e$，VT_1 发射极电流开始减小，最终截止。T 绕组 3 端输出下降的感应脉冲，加到 VT_1 基极，同样的正反馈过程使 VT_1 快速截止，完成间歇振荡的一个振荡周期，开关管完成一次通断过程。

在上述振荡过程中，R_2 构成 C_1 充电电路，同时 R_2 还有限制正反馈电流的作用，以免正

反馈电流过大使 VT_1 进入过饱和状态，从而增大 VT_1 基区的存储效应，加大开关管的损耗。V_3 为 C_1 放电通路，C_1 的容量大小对振荡脉冲频率影响较大，即使 VT_1 未进入饱和区，在 VT_1 导通期间的正反馈过程中，C_1 充电电流小到一定程度，也会使 VT_1 正反馈电流减小而开始截止过程，提前进入下一个周期的振荡。

VT_2 构成 VT_1 振荡脉宽控制器，具有对 VT_1 基极电流的可变分流作用。在 VT_1 振荡过程中，导通状态转为截止状态的转折点是 $I_b\beta < I_c$ 的某一点。在振荡过程中，如果 VT_2 导通使 VT_1 正反馈电流被分流，即可减小 VT_1 的 I_b，使 VT_1 提前进入转折点。VT_1 导通期被减小，提前进入截止状态，导致脉冲宽度减小，储能电感的储能减少，开关电源输出电压必然降低。

VT_2 导通电流的大小受控于 VT_3。VT_3 为误差检出和电流放大管，其发射极接入简单的稳压电路。输出电压 U_2 经 R_4 限流，使 VS_1 工作于齐纳区，向 VT_3 发射极提供稳定的基准电压。当 VT_3 发射极电压固定以后，VT_3 的集电极电流受基极电流的控制。当某种原因使输出电压 U_2 升高时，VT_3 的集电极电流增大，其输出端接入 VT_2 基极，使 VT_2 基极电位被拉向 VS_1 稳压值与 VT_3 的 C、E 极之间电压的和。VT_2 发射极电压基本与输入电压近似，因而 VT_2 始终工作于正向偏置状态的线性区，一旦 VT_2 饱和导通，VT_1 将截止，无法持续振荡。若 VT_2 截止，VT_1 将失去控制，处于 C_1、R_2 充电过程所设定的最大脉宽状态，使开关管功耗增大而造成热击穿。

二、自激式单端反激式开关电源

自激式单端反激式开关电源的基本电路如图 5-2 所示。由开关管 VT_{304} 和脉冲变压器 TC_{301} 构成的间歇振荡器组成变换器电路。将 C_{308} 两端输入的直流电变换成矩形波，加在 TC_{301} 的初级。接通电源后，输入电压通过 R_{302} 给 VT_{304} 基极施加不到 1 mA 的启动偏置电流，VT_{304} 集电极电流由零开始上升。随着集电极电流的增长，TC_{301} 正反馈绕组 9 端产生上升的感应脉冲，加到 VT_{304} 基极，形成正反馈，使 VT_{304} 导通电流进一步增大。在此过程中，C_{313} 充电，随着充电电流逐渐减小，I_b 随之减小，VT_{304} 进入 $I_b\beta < I_c$ 的相对饱和状态，迫使集电极电流回落，造成 TC_{301} 正反馈绕组 9 端形成脉冲反向，VT_{304} 因正反馈作用迅速截止。在此期间，C_{313} 通过 V_{308} 快速放电，以准备进入下一个振荡周期。在振荡过程中，R_{314} 不仅限制 C_{313} 在正反馈脉冲前沿的充电电流，而且和 C_{313} 共同设定振荡电路的基本脉冲宽度。

在振荡过程中，当 VT_{304} 集电极电流减小，趋向快速截止时，TC_{301} 的正反馈绕组 9 端为负向脉冲，8 端为正向脉冲，通过二极管 V_{307} 向 C_{314} 充电，其极性为左正右负。该反偏电压通过 VT_{303} 的 C、E 极施加于 VT_{304} 的 B、E 极上。当 VT_{304} 下一个导通周期开始时，通过改变 VT_{303} 的集电极电流，可控制 VT_{304} 的截止时间。如果 VT_{303} 集电极电流较大，C_{314} 放电电流也较大，则该放电电流形成 VT_{304} 的反向偏置，使 VT_{304} 提前截止。所以，C_{314} 和 VT_{303} 构成对 VT_{304} 导通脉冲宽度的控制。

电路中，TC_{301} 绕组 9—10 为专设的取样绕组。当 VT_{304} 截止时，磁场储能释放为感应电压，使 V_{306} 导通，整流电压经 C_{312} 滤波形成取样电压。R_{304}、R_{305} 和 R_{301} 组成取样分压器，同时也构成 C_{312} 的放电电阻。VT_{301} 为误差检出放大器。分压后，取样电压加到 VT_{301} 基极，其发射极由稳压管 VS_{305} 提供基准电压。当开关电源输出电压升高时，VT_{301} 集电极电流增大使电压下降，VT_{302} 的基极电压也下降。与此同时，VT_{302} 集电极电流增大，R_{310} 的压降使 VT_{303} 集电

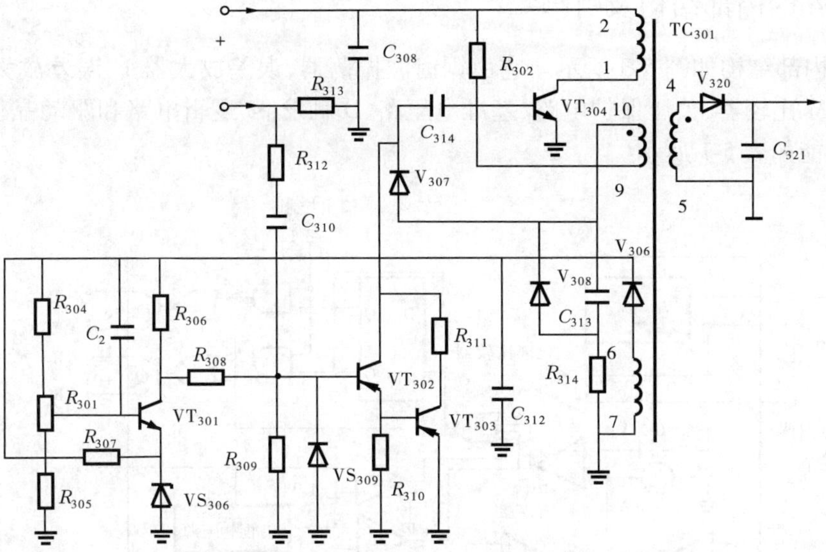

图 5-2　自激式单端反激式开关电源的基本电路

极电流也增大，C_{314} 放电电流也随之增大，VT_{304} 提前截止，使输出电压稳定。

第二节　电压型 PWM 控制电路 TL494

一、TL494 的主要特性

TL494 是美国德州仪器公司生产的一种固定频率脉宽调制电路，它包含了开关电源控制所需的全部功能，广泛应用于单端正激式、推挽式、半桥式、全桥式开关电源控制器。TL494 有 SO－16 和 DIP－16 两种封装形式，以适应不同场合的要求。其主要特性如下：

(1)集成了全部的脉宽调制电路。

(2)片内置锯齿波振荡器，外置振荡元件仅需要两个(一个定时电阻和一个定时电容)。

(3)最高工作频率为 300 kHz。

(4)内置两个误差放大器。

(5)内部参考基准电压 5 V。

(6)可调整死区时间。

(7)内置功率晶体管可提供 500 mA 的驱动能力。

(8)具有灌或拉电流两种输出方式。

(9)可实现单端/双端控制脉冲输出。

(10)输入电压范围为 7～40 V。

TL494 有许多引脚和功能完全相同的芯片，如 MB3759、MB3670、MST494、μA494、upc494、IR3M02、IR494 等，在使用时可以相互替换。

二、TL494 的内部结构及引脚

TL494 的内部结构如图 5-3 所示。它由锯齿波振荡器、误差放大器 1、误差放大器 2、死区比较器、PWM 比较器、欠压保护电路、基准电压路、D 触发器、逻辑电路和驱动晶体管等组成。其引脚功能如表 5-1 所示。

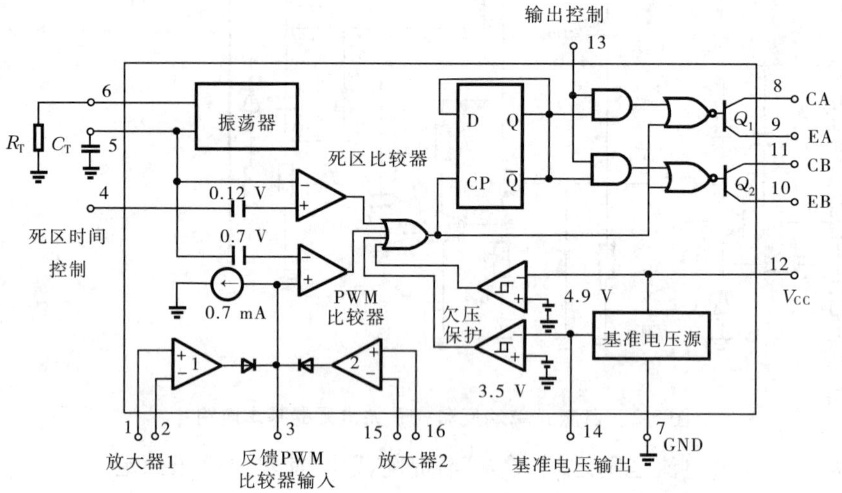

图 5-3　TL494 的内部结构

表 5-1　TL494 引脚功能

引脚	符号	功能
1	$U_1(+)$	误差放大器 1 同相输入端
2	$U_1(-)$	误差放大器 1 反相输入端
3	VOUTC	误差放大器 1、2 输出信号补偿元件连接端
4	CONT	死区时间控制端
5	C_T	振荡器外接定时电容连接端
6	R_T	振荡器外接定时电阻连接端
7	GND	接地端
8	CA	输出三极管 A 的集电极
9	EA	输出三极管 A 的发射极
10	EB	输出三极管 B 的发射极
11	CB	输出三极管 B 的集电极
12	V_{CC}	工作电源电压输入端
13	OUTCON	输出控制端
14	U_{ref}	+5 V 基准电压输出端
15	$U_2(-)$	误差放大器 2 反相输入端
16	$U_2(+)$	误差放大器 2 同相输入端

三、TL494 的工作原理及波形

TL494 是一个固定频率的脉冲宽度调制电路，内置了线性锯齿波振荡器，振荡频率可通过外部的一个定时电阻 R_T 和一个定时电容 C_T 进行调节，其振荡频率如下：

$$f = \frac{1.1}{R_T C_T}$$

输出脉冲的宽度是通过定时电容 C_T 上的正极性锯齿波电压与 4 管脚（死区时间控制信号）及 3 管脚（PWM 比较器同相端输入信号）两个控制信号进行比较来实现。功率输出管 Q_1 和 Q_2 受控于或非门，当 D 触发器的时钟信号为低电平时才会被选通，即只有在锯齿波电压大于控制信号期间才会被选通。从图 5-3 可以看出，当死区比较器和 PWM 比较器均输出低电平时，D 触发器的时钟信号才可能为低电平。因此，输出脉冲的宽度受死区比较器和 PWM 比较器双重控制。当控制信号增大时，输出脉冲的宽度将减小，如图 5-4 所示。

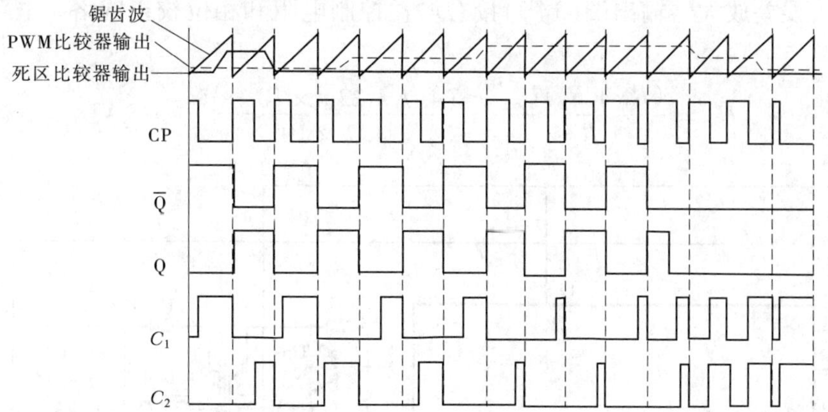

图 5-4　TL494 的时序波形

控制信号由集成电路外部输入，可以送至死区时间比较器（4 脚），也可以送往误差放大器的输入端或 PWM 比较器的同相输入端（3 脚）。死区时间比较器具有 120 mV 的输入补偿电压，它限制了最小输出死区时间约等于锯齿波周期的 4%。当输出控制端接地时，最大输出占空比为 96%；当输出控制端接高电平时，最大输出占空比为 48%。当把死区时间控制输入端接上固定的电压（范围为 0 ~ 3.3 V）时，即能在输出脉冲上产生附加的死区时间。

PWM 比较器为误差放大器调节输出脉宽提供了一个手段：当反馈电压从 0.5 V 变化到 3.5 V 时，输出的脉冲宽度从被死区确定的最大占空比下降到零。两个误差放大器具有从 −0.3 V 到（V_{CC} −2.0）的共模输入范围，这可以从电源的输出电压和电流察觉得到。误差放大器的输出端均为高电平有效，它在 PWM 比较器的同相输入端进行“或”运算。正是由于这种电路结构，放大器只需最小的输出即可支配控制回路。

当定时电容 C_T 放电时，一个正脉冲出现在死区比较器的输出端，受脉冲约束的 D 触发器进行计时，同时停止功率输出管 Q_1 和 Q_2 的工作。当输出控制端连接到基准电压源（高电平）时，为双端输出工作模式，此时调制脉冲交替输出至两个输出晶体管 Q_1 和 Q_2，输出脉冲频率等于振荡器频率的一半。当输出控制端连接到地（低电平）时，为单端输出工作模式，输出的脉冲频率等于振荡器的频率。在单端工作模式下，当需要更高的驱动电流输出时,亦可将 Q_1 和 Q_2 并联使用。

TL494 内置一个 5.0 V 的基准电压源,使用外置偏置电路时,可提供高达 10 mA 的负载电流,在典型的 0 ~70 ℃温度范围内、50 mV 温漂的条件下,该基准电压源能提供 ±5% 的精确度。另外,TL494 内置有欠压保护电路,当工作电源电压小于 4.9 V 或内部基准电压小于 3.5 V 时,欠压保护电路启动,输出控制脉冲被锁定。

四、TL494 典型应用电路

图 5-5 为由 TL494 组成的推挽式开关电源电路。该电路为推挽式工作模式,输出控制端(13 脚)接基准电压(高电平),所以输出脉冲为双端输出,两路控制脉冲(8 脚和 11 脚)分别接到两个 PNP 型功率开关管,功率输出管的发射极(9 脚和 10 脚)接地。输出电压的采样通过电阻 R_1 和 R_2 分压得到,采样的电压送达误差放大器 1 的同相输入端(1 脚),误差放大器 1 的反向输入端(2 脚)接基准电压 +5 V(14 脚),误差放大器 2 构成输出过流保护电路(0.24 A),误差放大器输出端(3 脚)接有增益控制电阻和相位校正网络。电路的输出电压为:

$$U_o = \frac{(R_1 + R_2)U_{ref}}{R_2} = \frac{(4.7 + 22) \times 10^3 \times 5}{4.7 \times 10^3} \approx 28 \text{ V}$$

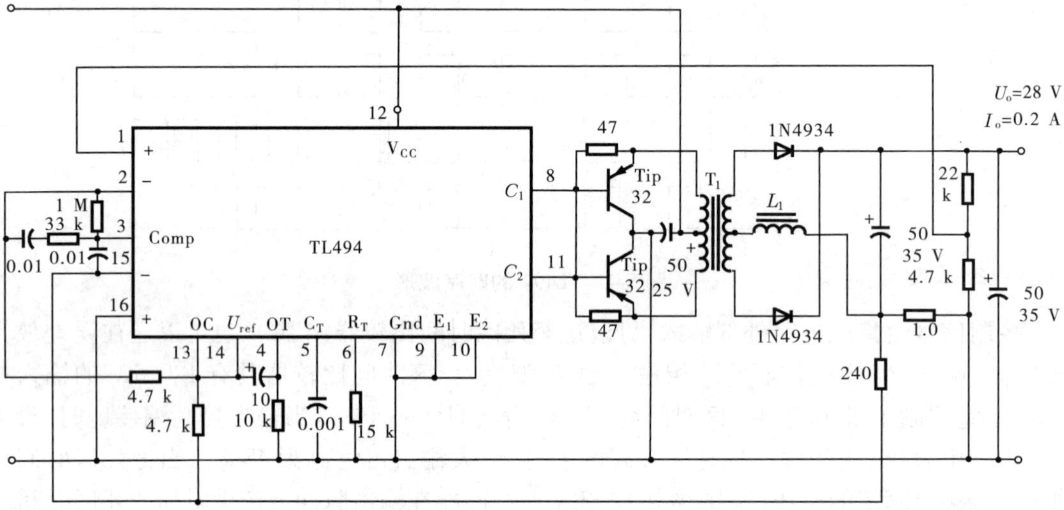

图 5-5 由 TL494 组成的推挽式开关电源电路

图 5-6 为由 TL494 组成的降压式开关电源,该电路采用降压式变换器,所以输出控制端(13 脚)接地(低电平)。为了增大输出控制脉冲的驱动电流,两个功率输出管的集电极(8 脚和 11 脚)并联,驱动 PNP 型功率开关管。输出电压直接采样送到误差放大器 1 的同相输入端,误差放大器 1 的反向相输入端接基准电压 +5 V(14 脚),误差放大器 2 组成输出过流保护电路(1.4 A),误差放大器输出端(3 脚)接有增益控制电阻和相位校正网络。电路的输出电压为:

$$U_o = U_{ref} = 5 \text{ V}$$

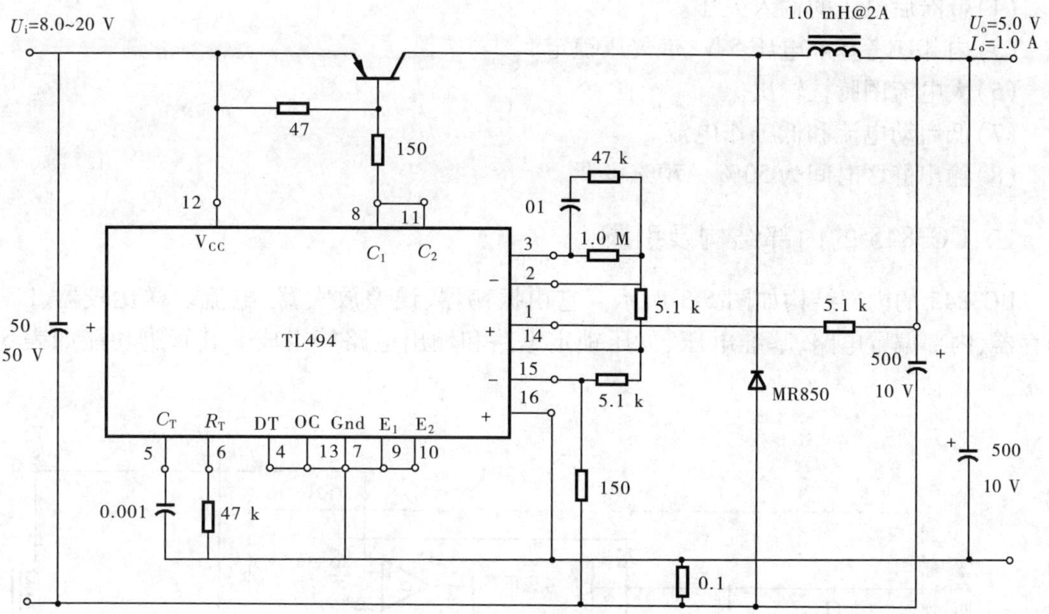

图 5-6　由 TL494 组成的降压式开关电源

第三节　电流型 PWM 控制电路 UC3845

一、UC3845 的主要特性

UC3845 是高性能固定频率电流模式的 PWM 控制电路，专为离线和 DC/DC 变换器应用而设计，只需最少的外部元件就能获得成本效益高的解决方案。芯片具有管脚数量少、外围电路简单、安装调试方便、性能优良、多种保护电路等优点，是驱动功率 MOSFET 的理想器件。UC3845 可提供 8 管脚双列直插塑料封装（DIP－8）和 14 管脚塑料表面贴装（SO－14）两种形式，如图 5-7 所示。

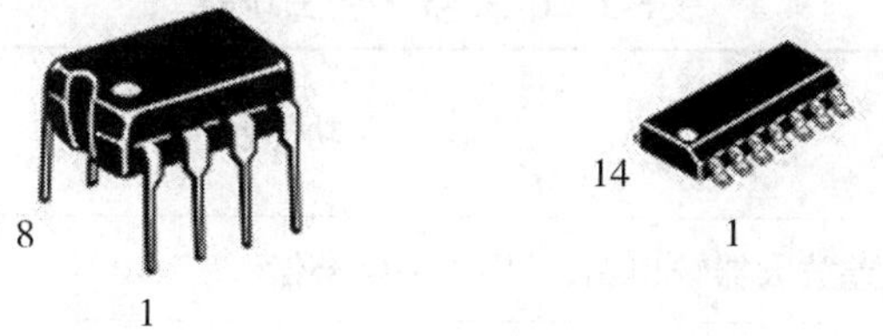

(a)DIP－8　　(b)SO－14

图 5-7　UC3845 的 DIP－8 和 SO－14 封装

UC3845 的主要特性如下：

（1）在电流模式下，最高工作频率可达 500 kHz。

（2）自动前馈补偿。

（3）锁存脉宽调制，可实现逐个周期的限流。

(4)带滞后电压的输入欠压。

(5)内部参考基准电压 5 V,带欠压锁定。

(6)大电流图腾柱输出。

(7)低启动电流和低工作电流。

(8)输出静区时间为 50% ~70% 可调。

二、UC3845 的内部结构及引脚

UC3845 的内部结构如图 5-8 所示。它由振荡器、误差放大器、电流取样比较器、PWM 锁存器、内部偏置电路、基准电压、欠压锁定电路和输出电路等组成。其管脚功能如表 5-2 所示。

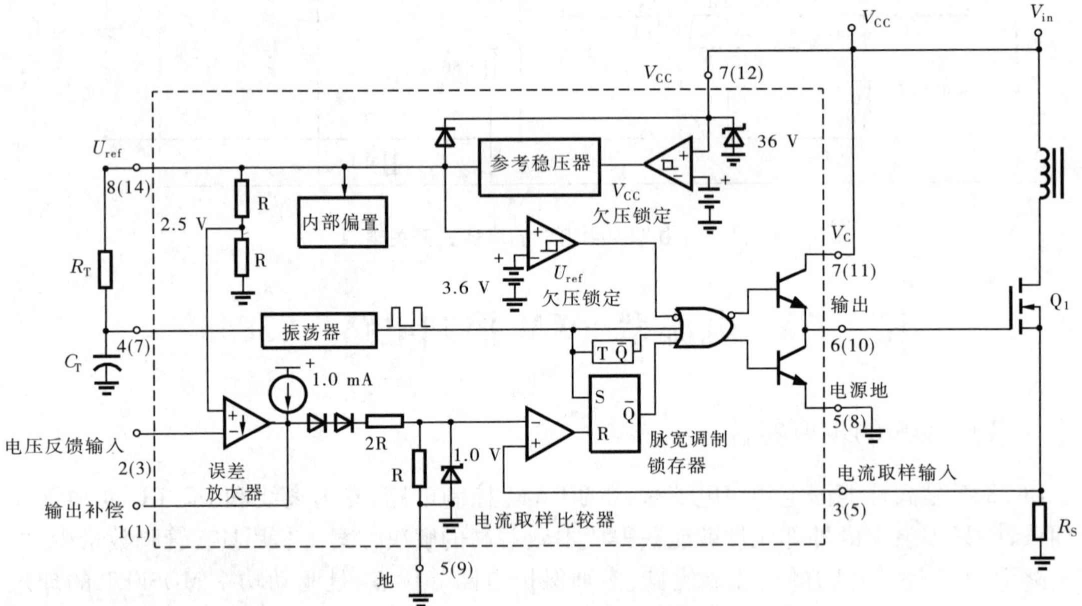

图 5-8　UC3845 的内部结构

表 5-2　UC3845 的管脚功能

管脚		功能和说明
DIP - 8	SO - 14	
1	1	误差放大器输出端,可用于环路补偿
2	3	误差放大器反相输入端,通常通过电阻分压连到开关电源的输出
3	5	电流取样端,当取样电流对应的电压超过给定值时,脉宽调制器中止开关管的导通
4	7	R_T/C_T 端,通过将电阻 R_T 连接到 U_{ref} 及电容 C_T 接地,使得振荡器频率和最大输出占空比可调
5	—	对 8 管脚封装而言,该管脚是控制电路和电源的公共地

续表 5-2

管脚		功能和说明
DIP－8	SO－14	
6	10	输出端，该输出端直接驱动功率 MOSFET 的栅极，具有拉和灌电流双向驱动能力，驱动电流可达 1.0 A
7	12	电源端，对于 14 管脚而言，该端是芯片内部控制电路的电源端
8	14	基准电压输出端，它经电阻 R_T 给电容 C_T 提供充电电流
—	8	接地端，该管脚是输出晶体管电源端的接地返回端
—	11	电源端，对于 14 管脚而言，该端为输出晶体管的电源端
—	9	接地端，该管脚是芯片内部控制电路电源端的接地返回端
—	2、4、6、13	空脚，无连接

三、UC3845 的工作原理

UC3845 是专门设计用于离线和 DC/DC 变换器应用的高性能、固定频率、电流模式控制电路。UC3845 的振荡器频率由定时电阻 R_T 和定时电容 C_T 决定。电容 C_T 由 5.0 V 的基准电压通过电阻 R_T 充电，充电至 2.8 V，再由一个内部电流下拉放电到 1.2 V。在电容 C_T 放电期间，振荡器产生一个内部消隐脉冲，保持“或非”门的中间输入为高电平，这导致输出为低电平状态，从而产生一个可控的输出静区时间（死区时间）。UC3845 有一个内部触发器，它通过保持“或非”门的一个输入为高电平，每隔一个时钟周期关闭一次输出，这就与电容 C_T 的放电周期相结合，使输出死区时间可以从 50% 调节到 70%。图 5-9 为电阻 R_T 与振荡器频率的关系曲线，图 5-10 为输出静区时间（死区时间）与频率的关系曲线，它们都是在给定电容 C_T 时得到的。尽管许多电阻 R_T 和电容 C_T 的组合可以得到相同的振荡器频率，但只有一种组合可以得到在一个给定频率下的特定的输出死区时间。

UC3845 提供了一个可供访问的反相输入和输出的全补偿误差放大器。该放大器具有 90 dB 的典型直流电压增益和 1.0 MHz 的单位增益带宽。应用时，电源变换器的输出电压通过一个电阻分压器分压，从而实现采样和反馈。误差放大器最大输入偏置电流为 －2.0 μA，它将产生输出电压误差，该误差电压为输入偏置电流和分压器等效输入电阻的乘积。误差放大器的输出（1 脚）用于外部环路补偿。输出电压经过两个二极管产生 1.4 V 的压降，并在连接到电流取样比较器的反相输入之前被分压到三分之一。这是为了当管脚 1 处于其最低状态（U_{OL}）时，输出端（6 脚）不会出现驱动脉冲，这通常在电源正在工作并且负载开路或者在启动过程的开始时刻发生。误差放大器的反馈电阻最小值受限于放大器的拉电流，其最小值约为 8.8 kΩ，在应用时一般不小于 10 kΩ。

UC3845 作为电流模式控制器工作时，输出开关管的导通从一个振荡器周期开始，当外部电感峰值电流到达误差放大器输出/补偿（1 脚）建立的门限电平时中止，这就在逐周的基础上由误差电压信号控制电感峰值电流。电流取样比较器和 PWM 锁存器保证了在任意给定的振荡器周期内，仅有一个单端脉冲出现在输出端。电感的电流通过接入一个和输出开关管的源极串联后接地的取样电阻 R_s 转换成电压，该电压由电流取样输入端（3 脚）引入并与来自误差放大器的输出电平进行比较。在正常条件下，电感峰值电流由 1 管脚上的电压

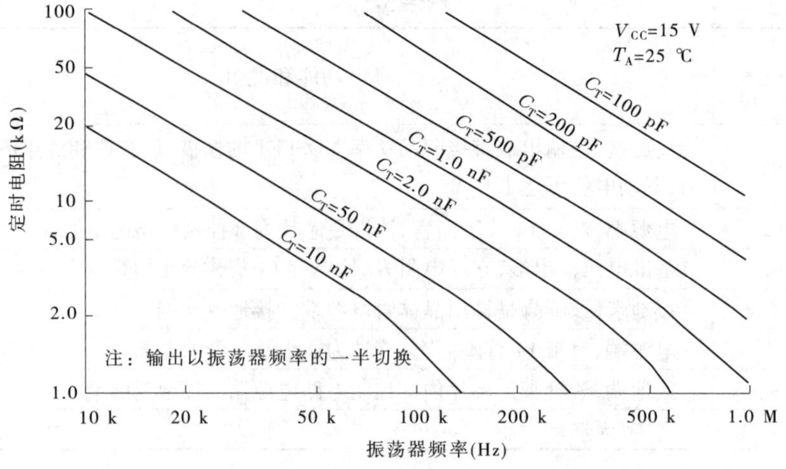

图 5-9　电阻 R_T 与振荡器频率的关系曲线

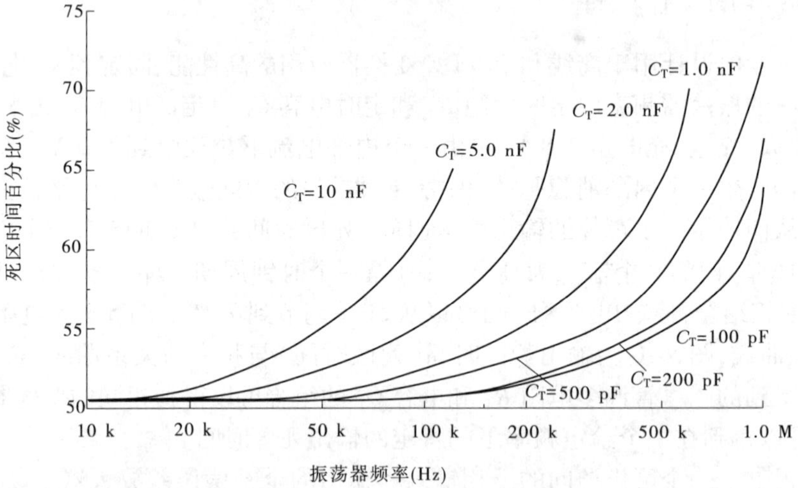

图 5-10　输出静区时间(死区时间)与频率的关系曲线

控制,其电流为 $I_{PK}=\dfrac{V_{(pin1)}-1.4}{3R_s}$。但是当电源输出过载或者输出电压取样丢失时,异常的工作情况将出现。在这些异常的工作情况下,电流取样比较器门限电平将被内部电路箝位在 1.0 V。因此,开关管的最大峰值电流为 $I_{PK(max)}=\dfrac{1.0}{R_s}$。在设计一个大功率开关电源时,为了让取样电阻 R_s 的功耗维持在一个合理的水平上,希望降低内部的箝位电压。调节内部箝位电压的方法如图 5-11 所示,使用两个外部二极管来补偿内部二极管,保证在允许的温度范围内箝位电压固定。需要注意的是,箝位电压过低会造成由噪声拾取引起的误操作。

UC3845 采用了两个欠压锁定比较器来保证在输出级被驱动之前,控制电路已经能够正常工作。电源端(V_{CC})和基准电压输出(U_{ref})各自由分离的比较器监视。每个比较器都具有内部的滞后功能,防止在各自的门限电平时产生错误的输出动作。V_{CC} 比较器的上下门限电平为 8.4 V/7.6 V,U_{ref} 比较器的高低门限电平为 3.6 V/3.4 V。UC3845 应用 DC/AC 变换器中,它的最小工作电压为 8.2 V。

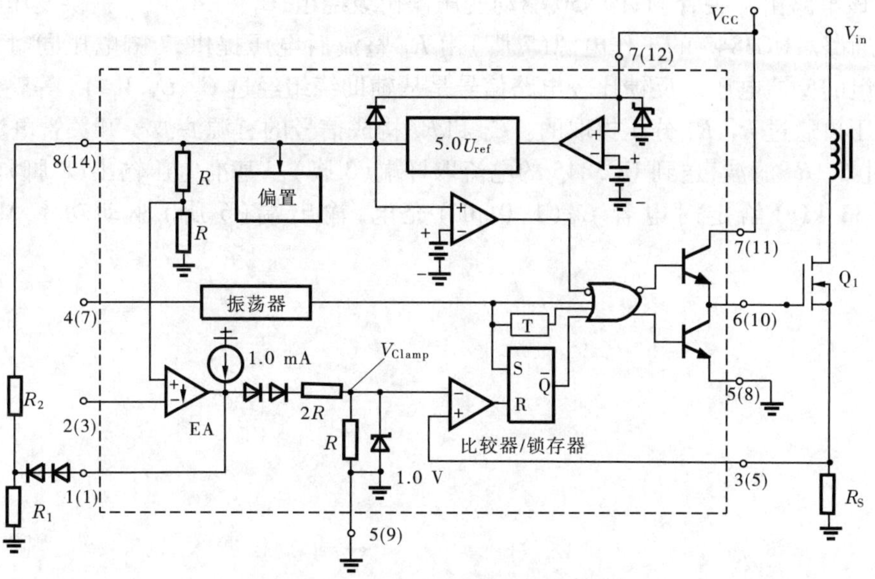

图 5-11　调节内部箝位电压的方法

UC3845 还有一个单端图腾柱输出级,是专门设计用来直接驱动功率 MOSFET 的,在 1.0 nF 的电容负载时,它能提供高达正负 1.0 A 的峰值驱动电流和典型值为 50 ns 的上升、下降时间。此外,UC3845 还附加了一个内部电路,使得任何时候只要欠压锁定有效,输出就进入灌电流模式,这个特性使外部的下拉电阻不再需要。

四、UC3845 的典型应用

图 5-12 是由 UC3845 构成的单端反激式开关电源,电源的输出电压有三种:+5 V、+12

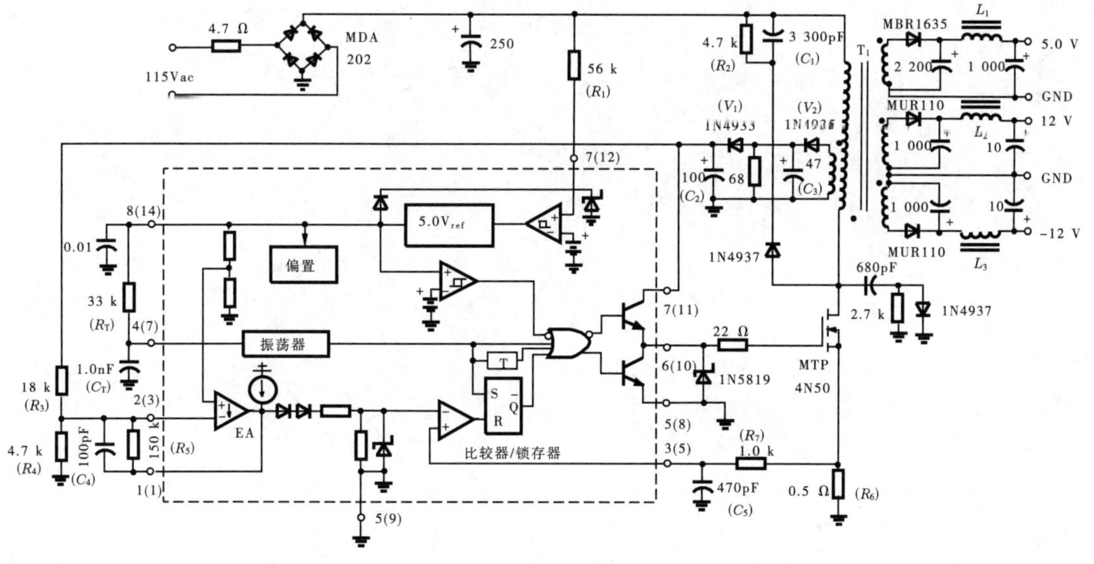

图 5-12　由 UC3845 构成的单端反激式开关电源

V、-12 V。该电路由开关管 MTP4N50 驱动变压器初级绕组，C_1 和 R_2 可以提供变压器初级绕组的泄放通路。UC3845 的工作电源(7 脚)由 R_1 整流后电压提供，7 脚电压同时也作为辅助反馈绕组的反馈电压。反馈比较电路信号是从辅助绕组经过 C_2、C_3、V_1、V_2 等整流滤波后得到的电压再通过 R_3、R_4 分压提取的。C_4 和 R_5 构成信号的有源滤波。开关管电流被 R_6 取样后，经过 C_5、R_7 滤波，送到 UC3845 的电流取样端(3 脚)。基准电压输出(8 脚)经过定时电阻 R_T(33 kΩ)给定时电容 C_T(1.0 nF)充电，输出端(6 脚)驱动功率 MOSFET(MTP4N50)。

第六章　开关电源辅助电路

第一节　EMI 滤波电路

一、EMI 滤波器的工作原理

在开关电源中，电源线是干扰传入开关电源和传出开关电源的主要途径。通过电源线，电网的干扰可以传入开关电源，干扰开关电源的正常工作，同样开关电源产生的干扰也可能通过电源线传到电网上，干扰其他设备的正常工作。所以，必须在开关电源的电源进线处加入 EMI 滤波电路。EMI 滤波电路主要是对输入电源的电磁噪声及杂波信号进行抑制，防止电网对开关电源的干扰，同时也防止开关电源本身产生的高频杂波对电网的干扰。因此，EMI 滤波电路也称为电磁干扰滤波器，即 EMI 滤波器。EMI 滤波器通常是由串联电抗器和并联电容器组成的低通滤波电路，其作用是允许设备正常工作时的频率信号进入设备（一般来说，就是工频 50 Hz/60 Hz 或者中频 400 Hz），而阻碍高频的干扰信号。EMI 滤波器典型电路如图 6-1 所示。

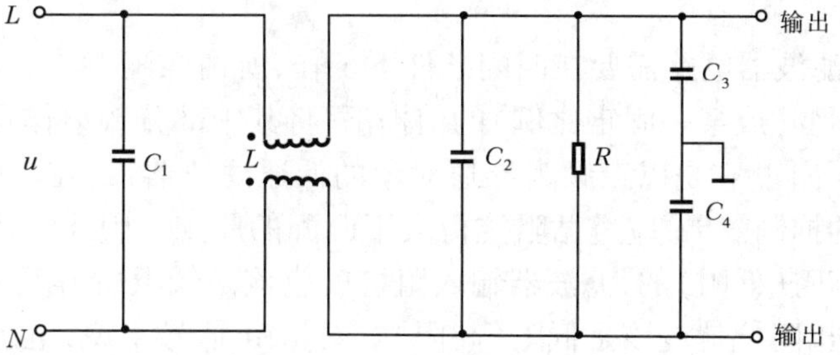

图 6-1　EMI 滤波器典型电路

图 6-1 采用的 EMI 滤波器是一种双向滤波器，是由电容和电感构成的低通滤波器，既能抑制从交流电源线上引入的外部电磁干扰，还可以避免设备本身向外部发出噪声干扰。开关电源的干扰分为差模干扰和共模干扰，抑制差模干扰信号和共模干扰信号普遍有效的方法就是在开关电源输入电路中加装电磁干扰滤波器（EMI 滤波器）。EMI 滤波器的电路结构包括共模扼流圈（共模电感）L，差模电容 C_1、C_2 和共模电容 C_3、C_4。共模扼流圈 L 是在一个磁环（闭磁路）的上下两个半环上，分别绕制具有相同的匝数但绕制方向相反的线圈。两个线圈的磁通方向一致，共模干扰出现时，总电感迅速增大产生很大的感抗，从而可以抑制共模干扰，而对差模干扰不起作用。为了更好地抑制共模噪声，共模扼流圈应选用磁导率高、高频性能好的磁芯。差模电容 C_1、C_2 通常选用金属膜电容，取值范围一般为 0.1 ~ 1 μF。共模电容 C_3、C_4 用于抑制较高频率的共模干扰信号，取值范围一般为 2 200 ~ 6 800 pF，常选用自谐振频率较高的陶瓷电容。由于中间接地，共模电容 C_3、C_4 上会产生漏电流，漏电流会对人体安全造成伤害，因此漏电流应尽量小，通常应该小于 1.0 mA。共模电容 C_3、

C_4 的取值与漏电流的大小有关，所以不宜过大，取值范围一般为 2 200～4 700 pF。R 为差模电容 C_1、C_2 的泄放电阻，电源断电后可将电容 C_1、C_2 上积累的电荷泄放掉。

二、EMI 滤波器的选用

选择和使用电源 EMI 滤波器时，需要考虑的特性参数有额定电压、额定电流、插入损耗、阻抗搭配、工作环境条件（温度等），另外还要考虑体积、质量和可靠性等。

（一）额定电压

额定电压是电源 EMI 滤波器用在指定电源频率时的工作电压，也是滤波器最高允许的电压值。如用在 50 Hz 单相电源上的滤波器，额定电压为 250 V；用在 50 Hz 三相电源上的滤波器，额定电压为 440 V。若输入滤波器的电压过高，会使内部电容器损坏。

（二）额定电流

额定电流是在额定电压和指定环境温度条件下所允许的最大连续工作电流。随着环境温度的升高，或由于电感导线的铜损、磁芯损耗及周围环境温度等原因，工作温度高于室温，这时候就难以确保插入损耗的性能。我们应该根据实际可能的最大工作电流和工作环境温度来选择滤波器的额定电流。

（三）插入损耗

插入损耗是电源 EMI 滤波器最重要的技术参数之一，插入损耗表示 EMI 滤波器对干扰的抑制能力，它的定义是：没有接入滤波器时从干扰源传输到负载的功率 P_1 和接入滤波器后从干扰源传输到负载的功率 P_2 之比，用分贝（dB）表示。

（四）阻抗搭配

传统概念上的滤波器电路需要在匹配条件下工作，所谓匹配意味着滤波器需在保持输入/输出信号幅度不变（或某一固定比例）的前提下，将其中部分频谱作预期的处理或变换，而电源 EMI 滤波器不同，它是以工频为导通对象的低通滤波器，是在不匹配的条件下工作的，要想获得理想的抑制效果，应遵循阻抗极大不匹配的原则。因此，EMI 滤波器设计时应遵循：①源内阻是高阻（低阻）的，滤波器输入阻抗就应该是低阻（高阻）；②负载是高阻（低阻）的，则滤波器输出阻抗就应该是低阻（高阻）。对 EMI 信号来说，电感是高阻，电容是低阻，则有图 6-2 中的四种滤波器选用类型。

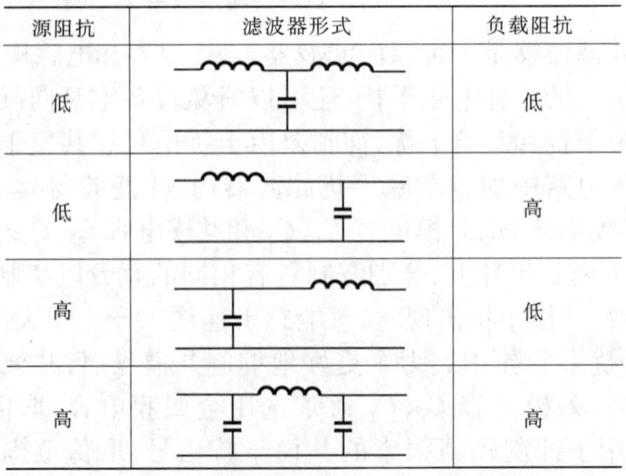

图 6-2　四种滤波器选用类型

第二节 软启动电路

开关电源的输入电路大都采用整流加电容滤波电路。在输入电路合闸瞬间，由于电容器上的初始电压为零，给电容器充电时会形成很大的瞬时冲击电流（浪涌电流），特别是大功率开关电源，其输入采用较大容量的滤波电容器，其冲击电流可达正常工作电流的10倍以上。在电源接通瞬间如此大的冲击电流幅值，往往会导致输入熔断器烧断，有时甚至将合闸开关的触点烧坏，轻者也会使空气开关合不上闸，上述原因均会造成开关电源无法正常投入。所以，几乎所有的开关电源在其输入电路中都会设置防止冲击电流的软起动电路，以保证开关电源正常而可靠的运行。常用的软启动电路有以下几种。

一、采用热敏电阻的软启动电路

采用热敏电阻的软启动电路如图6-3所示。它利用热敏电阻 R_t 的负温度系数特性，在电源接通瞬间，热敏电阻的阻值较大，达到限制冲击电流的作用；当热敏电阻流过较大电流时，电阻发热而使其阻值变小，电路处于正常工作状态。采用热敏电阻防止冲击电流一般适用于小功率开关电源，由于热敏电阻的热惯性，重新恢复高电阻状态需要时间，所以对于电源断电后又需要很快接通的情况，有时起不到限流作用。

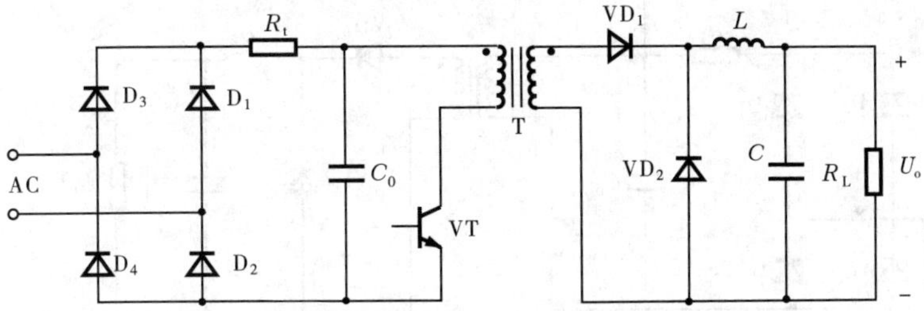

图6-3 采用热敏电阻的软启动电路

二、采用晶闸管的软启动电路

采用晶闸管的软启动电路如图6-4所示。在电源瞬时接通时，输入电压经整流桥和限流电阻 R 对电容器 C_0 充电。当电容器 C_0 充电到约80%的额定电压时，变换器正常工作，经主变压器T的辅助绕组产生晶闸管的触发信号，使晶闸管导通并短路限流电阻 R，开关电源处于正常运行状态。这种限流电路存在的问题是：当电源瞬时断电后，由于电容器 C_0 上的电压不能突变，其上仍有断电前的充电电压，变换器可能还处于工作状态，保持晶闸管继续导通，此时若马上重新接通输入电源，会同样起不到防止冲击电流的作用。

三、继电器 K_1 与电阻 R 构成的软启动电路

继电器 K_1 与电阻 R 构成的软启动电路如图6-5所示。电源接通时，输入电压经限流电阻 R_1 对滤波电容器 C_0 充电，同时辅助电源 V_{CC}（+12 V）经电阻 R_2 对并联于继电器 K_1 线包的电容器 C_2 充电，当 C_2 上的充电电压达到继电器的动作电压时，K_1 动作，旁路限流电阻

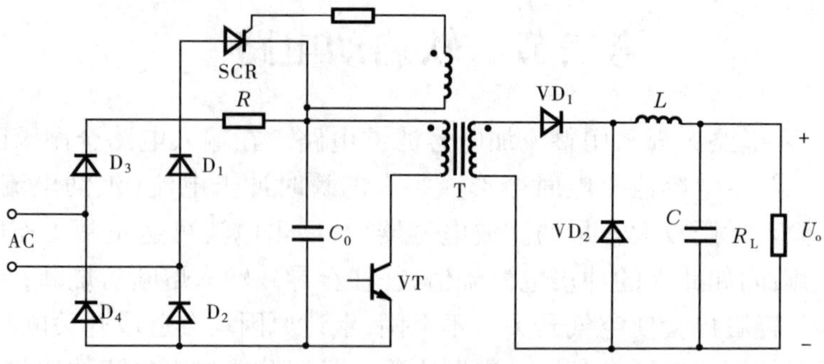

图 6-4　采用晶闸管的软启动电路

R_1，达到瞬时防冲击电流的作用。通常在电源接通之后，继电器 K_1 动作延时 0.3～0.5 s，否则限流电阻 R_1 因通流时间过长会烧坏。然而，这种简单的 RC 延迟电路在考虑到继电器吸合电压时还必须顾及流过线包的电流，一般电阻的阻值较小而电容的容量较大，延迟时间很难准确控制，这主要是电容容量的误差和漏电流造成的，需要仔细地挑选和测试。同时，继电器的动作阈值取决于电容器 C_2 上的充电电压，继电器的动作电压会抖动及振荡，造成工作不可靠。

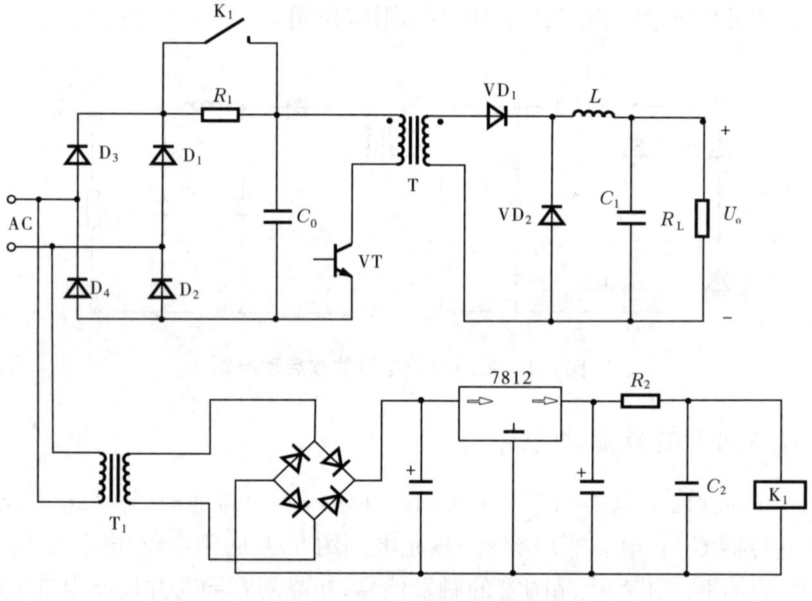

图 6-5　继电器 K_1 与电阻 R 构成的软启动电路

四、采用定时触发器的继电器与限流电阻的软启动电路

采用定时触发器的继电器与限流电阻的软启动电路如图 6-6 所示（仅画出定时电路，主电路同图 6-5），它是图 6-5 的改进型电路。电源接通时，输入电压经整流桥和限流电阻 R_1 对滤波电容器 C_0 充电，同时定时时基电路 555 的定时电容 C_2 由辅助电源经定时电阻 R_2 开始充电，经 0.3 s 后，集成电路 555 的 2 端电压低于 1/2 电源电压，其输出端 3 输出高电平，三极管 Q 导通，继电器 K_1 动作，限流电阻 R_1 被旁路，直流供电电压对 C_0 继续充电而达到

额定值,变换器处于正常工作状态。由于该电路在 RC 延迟定时电路与继电器之间插入了单稳态触发器和电流放大器,确保继电器动作干脆、可靠,有效地起到防止冲击电流的效果,而不会像图 6-5 所示电路那样由于继电器动作的不可靠性而烧坏限流电阻及继电器的自身触点。

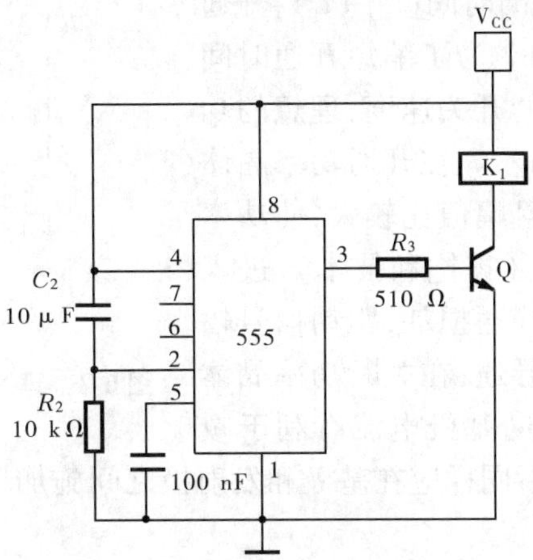

图 6-6　采用定时触发器的继电器与限流电阻的软启动电路

第三节　驱动电路

一、驱动电路概述

驱动电路又称为激励电路,它是主电路与控制电路之间的接口,它的主要作用体现在:

(1)使功率开关管工作在较理想的开关状态,缩短开关时间,减小开关损耗,对装置的运行效率、可靠性和安全性都有重要的意义。

(2)对功率开关管或整个装置的一些保护措施也往往设在驱动电路中,或通过驱动电路实现。

驱动电路的基本任务:将控制电路传来的信号按控制目标的要求,转换为加在功率开关管的控制端和公共端之间,可以使其开通或关断的信号。保证功率开关管在该关断的时候关断,并在整个关断期间维持关断;在该开通的时候迅速开通,并在整个开通期间维持开通。

在开关电源中,控制电路中的信号一般是弱电信号,而主电路中的信号是强电信号,为了防止主电路中的强电信号干扰控制电路中的弱电信号,在主电路与控制电路之间的接口——驱动电路,需要设置电气隔离环节。驱动电路中的电气隔离一般采用光隔离或磁隔离,光隔离一般采用光耦合器,磁隔离的元件通常是变压器。

驱动电路根据驱动的功率开关管的不同,可以分为电流驱动型和电压驱动型,其中功率晶体管需要电流型驱动电路驱动,电压型驱动电路驱动功率 MOSFET 和 IGBT。驱动电路根据电路的具体形式可以分为分立元件组成的驱动电路和专用集成驱动电路,目前的趋势是采用专用集成驱动电路。

二、功率晶体管驱动电路

（一）理想的功率晶体管驱动信号

功率晶体管从截止状态变为饱和状态需要的时间称为开通时间（$t_d + t_r$），从饱和状态变为截止状态需要的时间称为关断时间（$t_{stg} + t_f$），开通时间和关断时间简称开关时间。为了缩短开通时间和关断时间，提高功率晶体管的开关速度，理想的功率晶体管驱动信号如图 6-7 所示。在开通功率晶体管时，驱动信号上升沿陡峭而且幅值比较大，使功率晶体管迅速处于临界饱和状态（抗饱和技术），进入临界饱和状态以后，为了减少导通损耗，驱动信号幅值有所减小，维持功率晶体管导通；在关断功率晶体管时，驱动信号施加一定的反向基极电流有利于减小关断时间和关断损耗，关断后同样应在基极和发射极之间施加一定幅值的负偏压，维持功率晶体管关断。

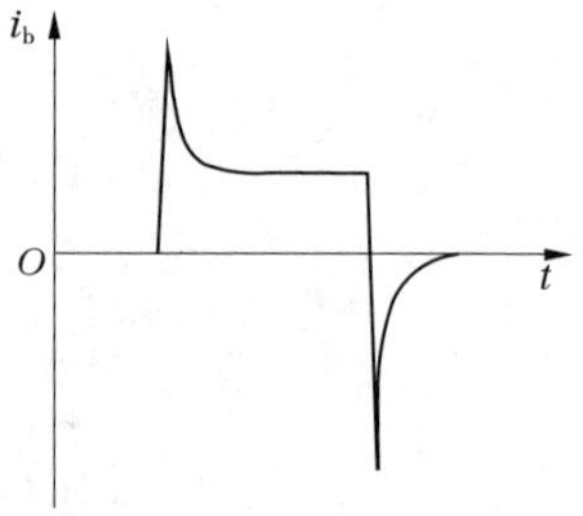

图 6-7　理想的功率晶体管的驱动信号

（二）功率晶体管的驱动电路

为了获得比较理想的功率晶体管的驱动信号，一种功率晶体管的驱动电路如图 6-8 所示，该电路包括电气隔离和晶体管放大电路两个部分。

图中二极管 VD_2 和电位补偿二极管 VD_3 构成贝克箝位电路，它是一种抗饱和电路，负载较轻时，如 V_5 发射极电流全注入 V，会使 V 过饱和。有了贝克箝位电路，当 V 过饱和使得集电极电位低于基极电位时，VD_2 会自动导通，使多余的驱动电流流入集电极，维持 $U_{bc} \approx 0$。C_2 为加速开通过程的电容。开通时，R_5 被 C_2 短路，可实现驱动电流的过冲，并增加前沿的陡度，加快开通。

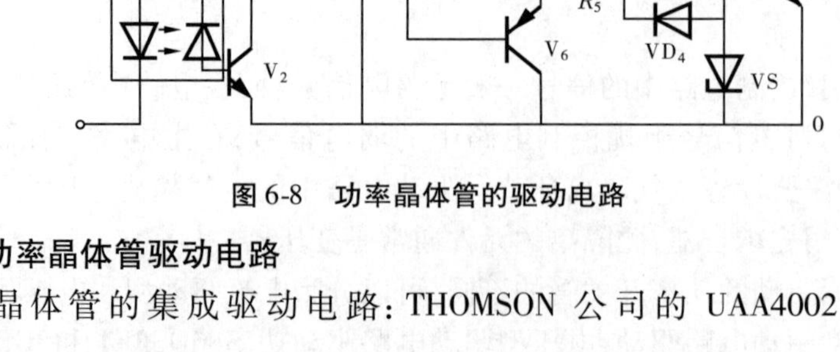

图 6-8　功率晶体管的驱动电路

（三）集成功率晶体管驱动电路

驱动功率晶体管的集成驱动电路：THOMSON 公司的 UAA4002 和三菱公司的 M57215BL。

三、功率 MOSFET 的驱动电路

(一)功率 MOSFET 的驱动电路的要求

(1)由于功率 MOSFET 的栅极和源极之间有数千皮法的电容,为快速建立驱动电压,要求驱动电路输出电阻小。

(2)MOSFET 开通的驱动电压一般为 10 ~ 15 V。

(3)关断时施加一定幅值的负驱动电压(一般取 -5 ~ -15 V)有利于减小关断时间和关断损耗。

(4)在栅极串入一只低值电阻(数十欧左右)可以减小寄生振荡,该电阻阻值应随着被驱动器件电流额定值的增大而减小。

(二)功率 MOSFET 的驱动电路

功率 MOSFET 的驱动电路如图 6-9 所示,该电路由电气隔离和晶体管放大电路两个部分组成。当无输入信号时,高速放大器 A 输出负电平,V_3 导通输出负驱动电压;当有输入信号时,A 输出正电平,V_2 导通输出正驱动电压。

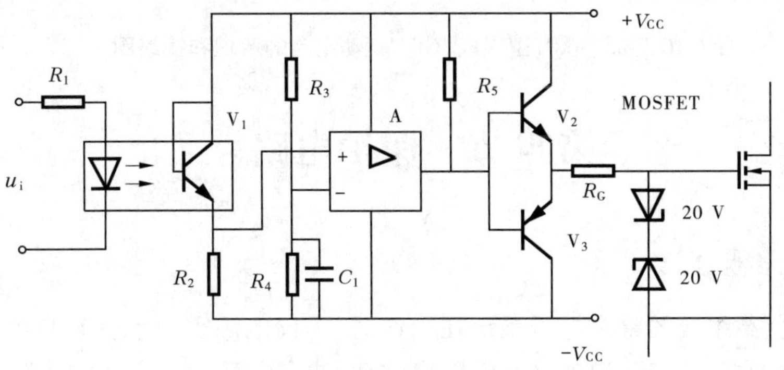

图 6-9 功率 MOSFET 的驱动电路

(三)集成 MOSFET 驱动电路

专为驱动 MOSFET 而设计的混合集成电路有三菱公司的 M57918L,其输入信号电流幅值为 16 mA,输出最大脉冲电流为 +2 A 和 -3 A,输出驱动电压为 +15 V 和 -10 V。

四、IGBT 的驱动电路

(一)功率 IGBT 的驱动电路的要求

(1)由于功率 IGBT 的栅极和发射极之间有数千皮法的电容,为快速建立驱动电压,要求驱动电路输出电阻小。

(2)MOSFET 开通的驱动电压一般为 15 ~20 V。

(3)关断时施加一定幅值的负驱动电压(一般取 -5 ~ -15 V)有利于减小关断时间和关断损耗。

(4)在栅极串入一只低值电阻(数十欧左右)可以减小寄生振荡,该电阻阻值应随被驱动器件电流额定值的增大而减小。

（二）IGBT 的驱动电路

IGBT 的驱动电路多采用专用的混合集成驱动器，常用的有三菱公司的 M579 系列（如 M57962L 和 M57959L）和富士公司的 EXB 系列（如 EXB840、EXB841、EXB850 和 EXB851）。三菱公司的 M579 系列内部具有退饱和检测和保护环节，当发生过电流时能快速响应但慢速关断 IGBT，并向外部电路给出故障信号。M57962L 输出的正驱动电压均为 +15 V 左右，负驱动电压为 -10 V。M57962L 型集成 IGBT 驱动电路的原理和接线图如图 6-10 所示。

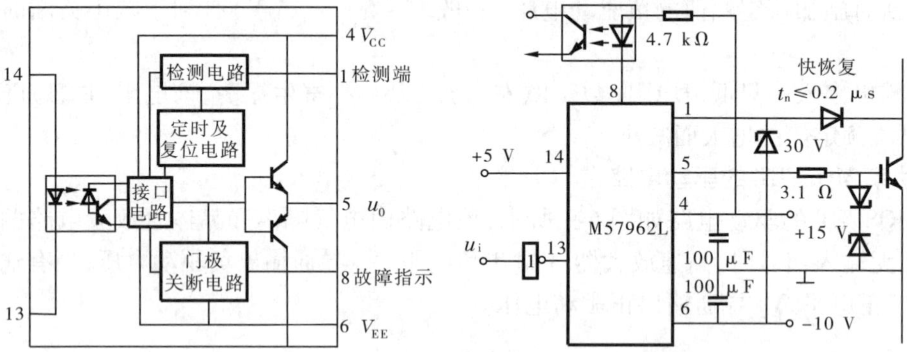

图 6-10　M57962L 型集成 IGBT 驱动电路的原理和接线图

第四节　保护电路

一、保护电路概述

开关电源和负载组成的整个电子系统在工作时，不仅电源需要承受来自电网和外界环境的不良影响，比如电压跌落、浪涌、中断、频率波动、波形失真、持续噪声、电磁干扰等，而且负载还得承受来自各个方面的严格考验，比如过流、短路、过压等。为了使开关电源和负载组成的电子系统能够在恶劣的环境和突发故障情况下安全工作，设置保护电路至关重要，最理想的保护电路应该具备以下几个特性：

（1）在超过额定条件时，电源能安全地自动进入自保护状态。

（2）电源进入保护状态期间，功耗越小越好。

（3）电源进入保护状态期间，电源内电子元器件的工作应力越小越好，使电源进入睡眠状态。

（4）保护电路具有自解除功能，电源的保护状态解除后，电源能够从睡眠状态被自动唤醒进入正常的工作状态。

（5）保护电路的结构越简单越好，最好无须单独再给保护电路另行提供工作电源。另外，保护电路本身的功耗越小越好，以保证电源的整体效率。

二、保护电路的组成

开关电源的保护电路组成框图如图 6-11 所示，它由检测、基准、比较及保护启动等四个部分组成。其中，检测环节检测保护电路需要保护的参数（如电压、电流、温度等），检测环节一般采用各种传感器进行检测,检测的结果是把检测的参数转化为电压信号(检测信号)。基准环节提供的是保护电路需要保护的参数的额定条件(启动保护的界限)转化而成的电压信号(基准信号)。检测信号和基准信号进行比较,根据比较的结果去执行保护的启动或不启动。

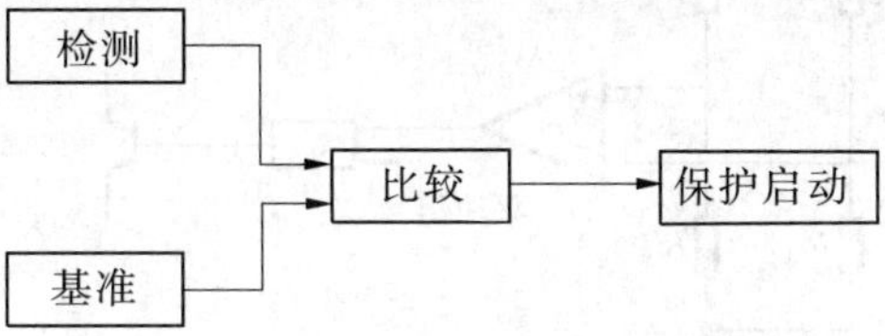

图 6-11 开关电源的保护电路组成框图

三、输出/输入过压保护电路

输出/输入过压保护电路如图 6-12 所示。图中比较器反相端电压为:$U_{-}=\frac{R_2}{R_1+R_2}U_o$ 或 $U_{-}=\frac{R_2}{R_1+R_2}U_i$,比较器同相端电压为:$U_{+}=U_{ref}=\frac{R_2}{R_1+R_2}U_{od}$ 或 $U_{+}=U_{ref}=\frac{R_2}{R_1+R_2}U_{id}$,其中 U_{od}、U_{id} 指的是输出电压、输入电压过压保护的额定条件(启动保护的界限)。当 $U_o<U_{od}$ 或 $U_i<U_{id}$ 时,比较器反相端电压小于比较器同相端电压($U_{-}<U_{+}$),所以比较器 A 输出高电平,与门输出驱动信号,电源正常工作。当 $U_o>U_{od}$ 或 $U_i>U_{id}$ 时,比较器反相端电压大于比较器同相端电压($U_{-}>U_{+}$),所以比较器 A 输出信号为低电平信号,与门输出信号为低电平信号,开关管 VT 断开,保护电路启动。

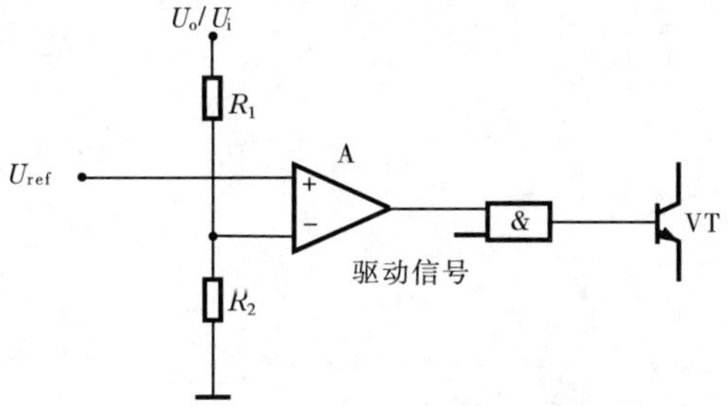

图 6-12 输出/输入过压保护电路

四、过热保护电路

过热保护电路如图 6-13 所示,图中电阻 $R_1=R_2$,R_t 为负温度系数的热敏电阻,R_{td} 为热敏电阻 R_t 在过热保护的额定温度(T_d)下对应的阻值。当 $T<T_d$ 时,$R_{td}<R_t$,比较器 A 的反相端电压小于同相端电压:$U_{-}=\frac{R_{td}}{R_{td}+R_2}V_{CC}<U_{+}=\frac{R_t}{R_1+R_t}V_{CC}$,比较器 A 输出高电平,与门输出驱动信号,电源正常工作。当 $T>T_d$ 时,$R_{td}>R_t$,比较器 A 的反相端电压大于同相端电压:$U_{-}=\frac{R_{td}}{R_{td}+R_2}V_{CC}>U_{+}=\frac{R_t}{R_1+R_t}V_{CC}$,比较器 A 输出信号为低电平信号,与门输出信号为

低电平信号,开关管 VT 断开,保护电路启动。

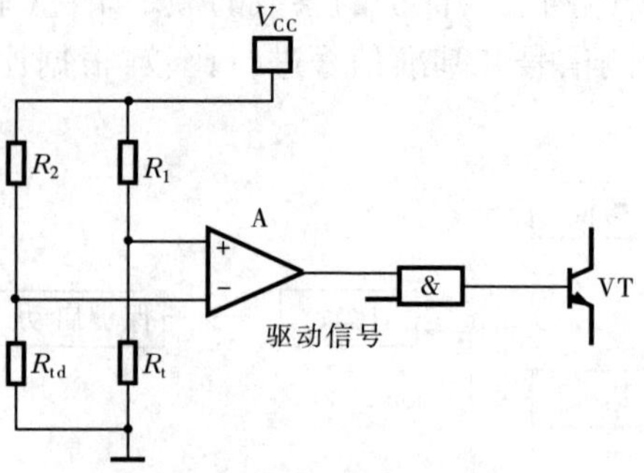

图 6-13　过热保护电路

第七章　不间断电源 UPS

第一节　UPS 概述

一、UPS 的作用

UPS 的中文意思为“不间断电源”，是英语“Uninterruptable Power Supply”的缩写，它可以保障计算机系统在停电之后继续工作一段时间以使用户能够紧急存盘，使用户不致因停电而影响工作或丢失数据。它在通信系统、计算机系统、网络应用及其他电力电子设备中，主要起到两个作用：一是实现连续供电，防止突然断电而影响正常工作；二是提供优质、稳定的供电，消除市电上的电涌、瞬间高电压、瞬间低电压、电线噪声和频率偏移等“电源污染”，改善电源质量。

二、UPS 的特点和要求

（一）低成本

随着计算机通信网络的发展，越来越多的场合需要不间断电源 UPS 供电，比如医院、银行、通信系统等。所以在选用 UPS 的时候，需要对市电异常、停电对负载的影响程度和 UPS 的价格进行综合考虑。

（二）高可靠性

采用不间断电源 UPS 供电的目的是当市电异常时，保证对负载优质、稳定供电，所以要求 UPS 具有高可靠性。

（三）小型轻量

不间断电源 UPS 作为高质量的电源供电，在计算机的电源供电中需求量很大，随着计算机的小型轻量化，所以对 UPS 也有小型轻量化的要求。

（四）高效率

UPS 的效率越高，其功耗就越小，对节约电能的意义越大，因此要求 UPS 的效率高。

（五）低噪声

为了使不间断电源 UPS 不影响装置在附近的其他的电力电子设备，要求 UPS 工作时噪声必须得低，特别是 UPS 设置在办公室环境时，必须满足 VCCI（日本电磁干扰控制协会）规定的低噪声要求。

（六）维护简单

不间断电源 UPS 作为一种复杂的电源装置，其运行和维护需要专门的技术人员，但很多用户缺乏这方面的知识，因此要求 UPS 的操作要简单，维护要容易。

（七）结构合理

不间断电源 UPS 的应用范围在不断扩大，设置的场所也越来越多样化，因此要求 UPS

的结构合理，便于与设置的环境相协调。

（八）容量系列化

随着不间断电源 UPS 市场的扩大，小功率的单机 UPS 已经实现容量系列化。

（九）输入电源的高功率因数和较少高次谐波

不间断电源 UPS 输入电源的功率因数和高次谐波随整流装置的方式不同而不同，所以在确定 UPS 的整流装置时，必须考虑功率因数和高次谐波的影响。目前，不间断电源 UPS 的整流装置主要采用同步整流方式，并引入 KFC 功率补偿技术提高输入电源的功率因数。

（十）限流特性

不间断电源 UPS 一般有限流电路，限流值通常为额定电流的 150%。

三、UPS 的分类

不间断电源 UPS 的分类方法有很多种，可以从工作原理、输入/输出方式、输出波形和输出功率等几个方面进行分类。

UPS 按输出功率的大小，可以分为小功率 UPS（5 kVA 以下）、中功率 UPS（5 ~ 30 kVA）和大功率 UPS（30 kVA 以上）。

UPS 按输出波形，可以分为方波输出 UPS、梯形波输出 UPS 和正弦波输出 UPS。其中方波输出 UPS 带负载能力最差，梯形波输出 UPS 次之，正弦波输出 UPS 带负载能力相对较强。

UPS 按输入/输出方式进行分类可以分为单相输入单相输出 UPS、三相输入单相输出 UPS 和三相输入三相输出 UPS。其中单相输入单相输出 UPS 适用于小功率 UPS，三相输入单相输出 UPS 和三相输入三相输出 UPS 适用于中大功率 UPS。

UPS 按工作原理，可以分为动态式 UPS 和静态式 UPS，其中静态式 UPS 又可以分为后备式和在线式两种。

动态式 UPS 由交流电动机、交流发电机和惯性飞轮等组成，它依靠市电驱动交流电动机旋转，从而带动同轴的交流发电机和惯性飞轮同速旋转运行，由发电机向负载供电。市电波动时，由于惯性飞轮对短时间的电压突变干扰无反应，保证了输出电压的稳定；市电断电后靠飞轮的惯性将供电延长 5 s，用于保存数据信息。后来发展到内燃机式 UPS 系统，当市电断电后靠飞轮的惯性继续供电，同时启动内燃机，当内燃机的转速与交流发电机的转速相同时，内燃机离合器与交流发电机相连，完成由市电到内燃机的转换。这类 UPS 体积大、噪声大、效率低，目前应用不多。

动态式 UPS 因应用较少，所以人们通常所说的 UPS 大都指静态式 UPS。静态式 UPS 根据供电方式可分为后备式（或称离线式，OFF - LINE/BACK - UP）和在线式（ON - LINE）两类。

后备式 UPS 电源的组成框图如图 7-1 所示：当输入、负载及 UPS 本身都正常工作时，UPS 仅仅是将市电作简单的升压、降压和滤波处理，然后直接输出给负载使用。只有当输入电源不符合要求时，UPS 才将蓄电池的直流电逆变成交流电，输出给负载使用。也就是说，在大部分时间，负载使用的是输入电源本身或经过简单处理的输入电源。

在线式 UPS 电源的组成框图如图 7-2 所示：当输入、负载和 UPS 本身都正常工作时，UPS 电源将输入的交流市电先通过整流器变成直流电，然后通过逆变器将直流电逆变成交流电，输出标准的稳定的纯净的正弦波电源。当输入电源不符合要求时，UPS 将蓄电池的直

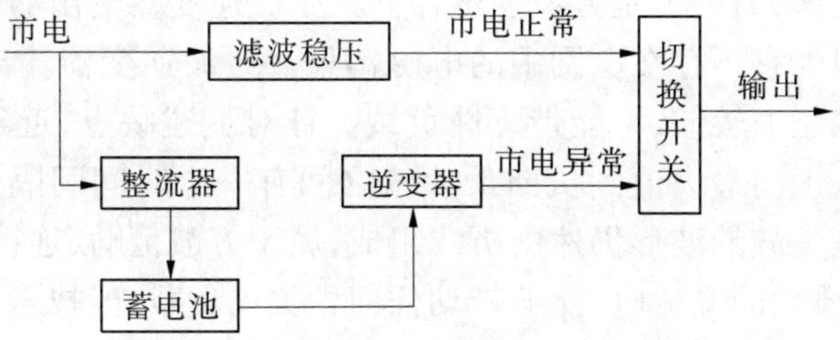

图 7-1　后备式 UPS 电源的组成框图

流电通过逆变器逆变成交流电，输出给负载使用。对于在线式 UPS 电源来说，无论市电是否正常，负载得到的都是由逆变器输出的高质量的正弦波电源。

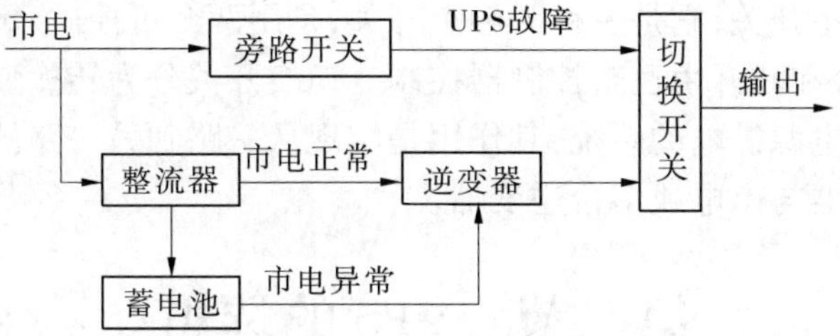

图 7-2　在线式 UPS 电源的组成框图

显而易见，同后备式 UPS 电源相比，在线式 UPS 电源的供电质量明显要比后备式 UPS 电源好，因为在线式 UPS 电源在市电正常和不正常时，负载得到的都是由逆变器输出的高质量的稳频、稳压的供电，而且在线式 UPS 电源由市电供电切换到蓄电池供电的切换时间要比后备式 UPS 电源的切换时间更短。但是，后备式 UPS 电源也有它自己的优点：运行效率高，噪声低，价格便宜，后备式 UPS 电源主要适用于市电波动不大，对供电质量要求不是特别高的场合。

四、UPS 的组成

不间断电源 UPS 从基本组成原理上讲，是一种含有储能装置，以逆变器为主要元件，稳压稳频输出的电源保护设备。其主要由整流器、蓄电池、逆变器和切换开关等几部分组成。

（一）整流器

整流器是一个整流装置，简单的说就是将交流（AC）转化为直流（DC）的装置。它有两个主要功能：

（1）将交流电（AC）变成直流电（DC），经滤波后供给负载，或者供给逆变器。

（2）给蓄电池提供充电电压，因此它又起到一个充电器的作用。

（二）蓄电池

蓄电池是不间断电源 UPS 用来储存电能的装置，它由若干个电池串联而成，其容量大小决定了其维持放电（供电）的时间。其主要功能是：当市电正常时，将电能转换成化学能储存在电池内部；当市电故障时，将化学能转换成电能提供给逆变器或负载。

（三）逆变器

通俗地讲，逆变器是一种将直流电（DC）转化为交流电（AC）的装置。逆变器主要分两类,一类是正弦波逆变器,另一类是方波逆变器。正弦波逆变器输出的是和市电一样甚至更好的正弦波交流电,因为它不存在电网中的电磁污染。方波逆变器输出的则是质量较差的方波交流电,其带负载能力较差,不能带感性负载。针对上述缺点,近年来出现了准正弦波逆变器,其输出波形从正向最大值到负向最大值之间有一个时间间隔(比如梯形波),使用效果有所改善,但准正弦波的波形仍然由折线组成,属于方波范畴,连续性不好。总地来说,正弦波逆变器提供高质量的交流电,能够带动任何种类的负载,但技术要求和成本较高。准正弦波逆变器可以满足我们大部分的用电需求,效率高,噪声小,售价适中,因而成为市场中的主流产品。方波逆变器的制作采用简易的多谐振荡器,其技术属于20世纪50年代的水平,将逐渐退出市场。

(四)切换开关

切换开关又称静态开关,它是一种无触点开关,是用两个可控硅(SCR)反向并联组成的一种交流开关,其闭合和断开由逻辑控制器控制。切换开关分为转换型和并机型两种,转换型开关主要用于两路电源供电的系统,其作用是实现从一路到另一路的自动切换;并机型开关主要用于并联逆变器与市电或多台逆变器。

第二节 UPS的选用

一、输出功率的确定

不间断电源UPS输出功率的选定取决于负载功率的大小,负载功率确定的方法有实测法和估算法两种。

(一)实测法

实测法即在通电的情况下,测量负载的电流。若负载的相数为单相,则用相电流与相电压的乘积的2倍作为负载的功率;若负载的相数为三相,则用线电流和相电压的乘积的3倍作为负载的功率。

(二)估算法

把各个单项负载的功率相加,得到的总和乘以一个保险系数K(K一般取1.3)作为总的负载功率。

用上述两种方法得到的负载功率作为基数,再考虑为以后扩充的设备留下一定的扩充余量,就可以确定不间断电源UPS的输出功率。另外,选用UPS系统时,在功率确定的情况下,应尽可能选用单机UPS系统,而不是级联UPS系统,因为采用单机UPS系统集中供电有利于管理,同时可以有效利用蓄电池的能量,而且能降低UPS系统的故障率。

二、确定相数

UPS系统按输入/输出方式可以分成三类:单相输入单相输出,三相输入单相输出,三相输入三相输出。一般来说,大功率UPS系统(100 kVA以上)都是三相输入三相输出;微小功率UPS系统(2 kVA以下)均是单相输入单相输出;中小功率UPS系统(2~100 kVA)既有三相的,也有单相的。三种输入/输出方式的UPS系统各有自己的优缺点:三相输出UPS设备结构比较复杂,保养维修比较困难,而且价格较贵。所以,在选用UPS时,只要能满足负载要求,应该优先选择单相输出的 UPS 系统。对于输入方式来说,遇到负载工作电流很大,而且要求电流比较稳定的情况,应该优先选择三相输入的 UPS 系统。

三、UPS 工作方式的确定

不间断电源 UPS 按工作方式可以分为常时逆变器供电(在线式 UPS)和常时电网供电(后备式 UPS)两种。显然,常时逆变器供电方式的供电质量明显要比常时电网供电方式好,因为常时逆变器供电方式在市电正常和不正常时,负载得到的都是由逆变器输出的高质量的稳频、稳压的供电,而且常时逆变器供电方式由市电供电切换到蓄电池供电的切换时间要比常时电网供电方式的切换时间更短。但是常时逆变器供电方式比常时电网供电方式的效率低,噪声大,价格更高。所以,在确定 UPS 的工作方式时要综合考虑各方面的因素,通常常时电网供电方式主要适用于市电波动不大,对供电质量要求不是特别高的场合。而常时逆变器供电方式主要适用于对供电质量要求比较高的场合。

四、确定 UPS 的保护时间

确定 UPS 的保护时间也就是确定蓄电池的持续供电时间。持续供电时间是 UPS 一个重要的技术指标,它一般是指在满负载的情况下,电瓶可以持续供电的时间。毫无疑问,这个时间自然是越长越好,但是随着时间的延长,价格也会随之而上升。所以,应该根据实际情况来确定 UPS 的保护时间:如果市电中断的次数比较少,中断的时间比较短,只是偶有瞬时断电,这时可以选择普通型 UPS 系统,其持续供电时间足以满足使用要求。大多数厂家的标准配置的 UPS 电源在满载时的电池持续供电时间为 5 ~ 20 min。如果停电时间稍长,选择的普通型 UPS 系统最短持续供电时间由保存数据、安全地退出系统所需要的时间来确定。不过由于在应用中,保存数据、退出系统时可能会遇到一些意想不到的问题,要耽误一些时间,因此应该留下一定的后备时间,基本上一倍的后备时间应该足以应付了。如果用户要求长时间不能断电,同时也没有其他供电设备,这时可以选择长延时型 UPS 系统,它的持续供电时间最高可以达到 8 h 甚至以上。

五、根据供电质量选用冗余系统

在一些对供电质量要求很高的场合,为了确保对负载供电的万无一失,不间断电源 UPS 需要采用冗余供电系统。

(一)主机 - 从机型冗余供电系统

主机 - 从机型冗余供电系统是将主机 UPS 的交流旁路连接到从机 UPS 的逆变器的输出端。当主机 UPS 出现故障时,改由从机 UPS 供电给负载。

(二)"1 + 1"型冗余供电系统

"1 + 1"型冗余供电系统将两台具有相同功率的 UPS 的输出置于相同幅度、相同相位和相同频率的状态直接并联起来。正常工作时,由两台 UPS 各承担一半的负载电流。万一其中一台 UPS 出现故障,由剩下的一台 UPS 来承担全部的负载电流,进而提高系统的可靠性。

(三)"$N+1$"型冗余供电系统

"$N+1$"型冗余供电系统将 $N+1$ 台具有相同功率的 UPS 直接并机工作,正常工作时,

由 $N+1$ 台 UPS 各承担$\frac{1}{N+1}$的负载电流。万一其中一台 UPS 出现故障,由剩下的 N 台 UPS 来承担全部的负载电流,进而提高系统的可靠性。

六、其他注意事项

(一)产品品牌

UPS 系统作为保护用户系统的设备,如果自身就不可靠,那么对系统的安全保护也就无从谈起。因此,产品的质量和可靠性是非常重要的,而产品的质量和可靠性则是靠品牌来保证的。目前,国内 UPS 市场上的品牌较多,但是同样存在着良莠不齐的现象,用户选择时应该了解品牌的知名度、信誉度、专业性等具体情况。

(二)智能化管理

电源的管理也是一件比较烦琐的事,因此用户应该选择带有智能管理功能的产品,这样的话,用户在使用时就比较轻松了。

(三)售后服务保证

作为专业设备,UPS 出现故障一般来说需要由受过专门培训的人员进行维修,然而 UPS 的渠道又没有其他设备那么广泛,在很多中小型城市不一定都有指定的维修点。因此,用户在购买时要了解清楚自己购买的产品在本地区是否有维修点,如果没有的话,最近的维修点在哪里;响应的时间承诺为多长,响应时间自己是否能够接受;维修的费用如何计算等。

第三节　UPS 的使用和维护

正确使用和维护不间断电源 UPS 不但可以降低 UPS 发生故障的概率,而且能够有效延长 UPS 的使用寿命。UPS 在使用和维护过程中需要注意以下两个方面。

一、UPS 电路的使用和维护

(1)使用 UPS 时应该严格遵守厂家产品说明书的有关规定,保证 UPS 的接线符合要求。

(2)对于绝大多数的 UPS 来说,当它们处于逆变器供电状态时,一般要求负载为阻性负载或容性负载。接入感性负载时,UPS 的启动电流超过正常额定电流的 3 ~ 4 倍,将引起 UPS 的瞬时超载,进而影响 UPS 的寿命,所以在使用时需要注意负载的特性,如果负载是感性负载,需要适当加大 UPS 的功率。

(3)不要超载使用 UPS。

(4)UPS 中设置的参数在使用中不要随意改变,若随意改变将直接影响 UPS 的使用寿命。

(5)对于后备式 UPS 来说,只有 UPS 处于逆变器供电状态时,它才具有自动稳压和输出短路保护等功能;当 UPS 处于电网供电状态时,它不具备输出短路保护等功能。所以,使用后备式 UPS 时,一般需要在交流输入端增加熔断丝来实现限流,在使用过程中不能随意加大熔断丝的限流值。

二、蓄电池的使用和维护

(一)保持适宜的环境温度

影响蓄电池寿命的重要因素是环境温度,一般电池生产厂家要求的最佳环境温度是20～25 ℃。虽然温度的升高使电池放电能力有所提高,但付出的代价却是电池的寿命大大缩短。据试验测定,环境温度一旦超过25 ℃,每升高10 ℃,电池的寿命就要缩短一半。目前,UPS所用的蓄电池一般是免维护的密封铅酸蓄电池,设计寿命普遍是5年,这在电池生产厂家要求的环境下才能达到。达不到规定的环境要求,其寿命的长短就有很大的差异。另外,环境温度的提高,会导致电池内部化学活性增强,从而产生大量的热能,又会反过来促使周围环境温度升高,这种恶性循环会加速缩短电池的寿命。

(二)定期充电放电

UPS电源中的浮充电压和放电电压,在出厂时均已调试到额定值,而放电电流的大小是随着负载的增大而增加的,使用中应合理调节负载,比如控制微机等电子设备的使用台数。一般情况下,负载不宜超过UPS额定负载的60%。在这个范围内,电池的放电电流就不会出现过度放电。

UPS因长期与市电相连,在供电质量高、很少发生市电停电的使用环境中,蓄电池会长期处于浮充电状态,日久就会导致电池化学能与电能相互转化的活性降低,加速老化而缩短使用寿命。因此,一般每隔2～3个月应完全放电一次,放电时间可根据蓄电池的容量和负载大小确定。一次全负荷放电完毕后,按规定再充电8 h以上。

(三)通信功能

目前,绝大多数大中型UPS都具备与微机通信和程序控制等可操作性能。在微机上安装相应的软件,通过串/并口连接UPS,运行该程序,就可以利用微机与UPS进行通信,一般具有信息查询、参数设置、定时设定、自动关机和报警等功能。通过信息查询,可以获取市电输入电压、UPS输出电压、负载利用率、电池容量利用率、机内温度和市电频率等信息;通过参数设置,可以设定UPS基本特性、电池可维持时间和电池用完告警等。这些智能化的操作,大大方便了UPS电源及其蓄电池的使用管理。

附录　虚拟电子实验室 10.0(NI Multisim 10)

一、NI Multisim 10 系统简介

NI Multisim 10 是美国国家仪器公司(NI,National Instruments)推出的 Multisim 最新版本。目前,美国 NI 公司的 EWB 包含电路仿真设计模块(Multisim)、PCB 设计软件(Ultiboard)、布线引擎(Ultiroute)及通信电路分析与设计模块(Commsim)四个部分,能完成从电路的仿真设计到电路版图生成的全过程。Multisim、Ultiboard、Ultiroute 及 Commsim 四个部分相互独立,可以分别使用。Multisim、Ultiboard、Ultiroute 及 Commsim 四个部分有增强专业版(Power Professional)、专业版(Professional)、个人版(Personal)、教育版(Education)、学生版(Student)和演示版(Demo)等多个版本,各版本的功能和价格有着明显的差异。NI Multisim 10 系统特点如下:

第一, NI Multisim 10 的元器件库有着丰富的元器件。

第二, NI Multisim 10 虚拟仪器仪表种类齐全。

第三,NI Multisim 10 具有强大的电路分析能力,有时域和频域分析、离散傅里叶分析、电路零极点分析、交直流灵敏度分析等电路分析方法。

第四,NI Multisim 10 提供丰富的 Help 功能。

二、Multisim 的基本界面

(一)Multisim 的主窗口

点击"开始"→"程序"→" National Instruments" →"Circuit Design Suite 10.0"→"Multisim",启动 Multisim 10,可以看到如附图 1 所示的 Multisim 的主窗口。

(二)Multisim 菜单栏

Multisim 10 的菜单栏有 12 个主菜单(如附图 2 所示),菜单中提供了本软件几乎所有的功能命令。

1. File(文件)菜单

File(文件)菜单提供文件操作命令,如打开、保存和打印等,File 菜单中的主要命令及功能如下。

New:建立一个新文件。

Open:打开一个已经存在的 msm10、msm9、msm8、msm7、ewb 或 utsch 等格式的文件。

Close:关闭当前电路工作区内的文件。

Close All:关闭电路工作区内的所有文件。

Save:将电路工作区内的文件以 msm10 的格式存盘。

Save As:将电路工作区内的文件另存为一个文件,仍为 msm10 格式。

Save All:将电路工作区内所有的文件以 msm10 的格式存盘。

New Project:建立新的项目(仅在专业版中出现,教育版中无此功能)。

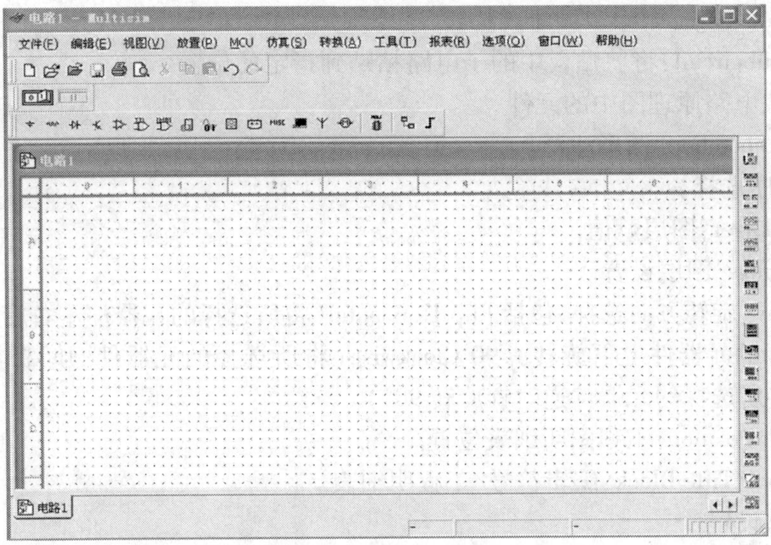

附图 1　Multisim 的主窗口

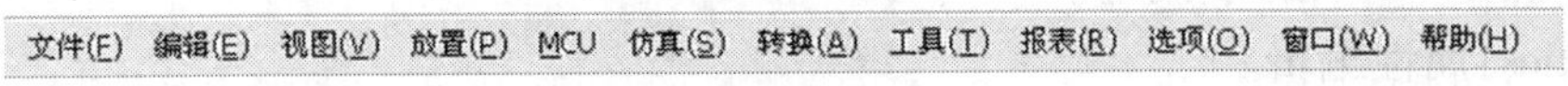

附图 2　菜单栏

Open Project:打开原有的项目。

Save Project:保存当前的项目。

Close Project:关闭当前的项目。

Version Control:版本控制。

Print:打印电路工作区内的电路原理图。

Print Preview:打印预览。

Print Options: 包括 Print Setup(打印设置)和 Print Instruments(打印电路工作区内的仪表)命令。

Recent Files:选择打开最近打开过的文件。

Recent Projects:选择打开最近打开过的项目。

Exit:退出。

2. Edit(编辑)菜单

Edit(编辑)菜单在电路绘制过程中,提供对电路和元件进行剪切、粘贴、旋转等的操作命令,Edit 菜单中主要的命令及功能如下。

Undo:取消前一次操作。

Redo:恢复前一次操作。

Cut:剪切所选择的元器件,放在剪贴板中。

Copy:将所选择的元器件复制到剪贴板中。

Paste:将剪贴板中的元器件粘贴到指定的位置。

Delete:删除所选择的元器件。

Select All:选择电路中所有的元器件、导线和仪器仪表。

Delete Multi-Page：删除多页面。

Paste as Subcircuit：将剪贴板中的子电路粘贴到指定的位置。

Find：查找电路原理图中的元件

Graphic Annotation：图形注释。

Order：顺序选择。

Assign to Layer：图层赋值。

Layer Settings：图层设置。

Orientation：旋转方向选择，包括 Flip Horizontal（将所选择的元器件左右旋转）、Flip Vertical（将所选择的元器件上下旋转）、90 Clockwise（将所选择的元器件顺时针旋转 90°）、90 CounterCW（将所选择的元器件逆时针旋转 90°）。

Title Block Position：工程图明细表位置。

Edit Symbol/Title Block：编辑符号/工程明细表。

Font：字体设置。

Comment：注释。

Forms/Questions：格式/问题。

Properties：属性编辑。

3. View（窗口显示）菜单

View（窗口显示）菜单用于控制仿真界面上显示的内容的操作命令，View 菜单中的主要命令及功能如下。

Full Screen：全屏。

Parent Sheet：层次。

Zoom In：放大电路原理图。

Zoom Out：缩小电路原理图。

Zoom Area：放大面积。

Zoom Fit to Page：放大到适合的页面。

Zoom to Magnification：按比例放大到适合的页面。

Zoom Selection：放大选择。

Show Grid：显示或者关闭栅格。

Show Border：显示或者关闭边界。

Show Page Border：显示或者关闭页边界。

Ruler Bars：显示或者关闭标尺栏。

Statusbar：显示或者关闭状态栏。

Design Toolbox：显示或者关闭设计工具箱。

Spreadsheet View：显示或者关闭电子数据表，扩展显示窗口。

Circuit Description Box：显示或者关闭电路描述工具箱。

Toolbar：显示或者关闭工具栏。

Show Comment/Probe：显示或者关闭注释/标注。

Grapher：显示或者关闭图形编辑器。

4. Place(放置)菜单

Place(放置)菜单提供在电路工作窗口内放置元件、连接点、总线和文字等命令,Place 菜单中主要的命令及功能如下。

Component:放置元件。

Junction:放置节点。

Wire:放置导线。

Bus:放置总线。

Connectors:放置输入/输出端口连接器。

New Hierarchical Block:放置层次模块。

Replace Hierarchical Block:替换层次模块。

Hierarchical Block form File:来自文件的层次模块。

New Subcircuit:创建子电路。

Replace by Subcircuit:子电路替换。

Multi-Page: 设置多页。

Merge Bus: 合并总线。

Bus Vector Connect:总线矢量连接。

Comment:注释。

Text:放置文字。

Grapher:放置图形。

Title Block:放置工程标题栏。

5. MCU(微控制器)菜单

MCU(微控制器)菜单提供在电路工作窗口内 MCU 的调试操作命令,MCU 菜单中主要的命令及功能如下。

No MCU Component Found:没有创建 MCU 器件。

Debug View Format:调试格式。

Show Line Numbers:显示线路数目。

Pause:暂停。

Step into:进入。

Step over:跨过。

Step out:离开。

Run to cursor:运行到指针。

Toggle breakpoint:设置断点。

Remove all breakpoint:移出所有的断点。

6. Simulate(仿真)菜单

Simulate(仿真)菜单提供电路仿真设置与操作命令,Simulate 菜单中的主要命令及功能如下。

Run:开始仿真。

Pause:暂停仿真。

Stop:停止仿真。

Instruments：选择仪器仪表。

Interactive Simulation Settings…：交互式仿真设置。

Digital Simulation Settings…：数字仿真设置。

Analyses：选择仿真分析法。

Postprocess：启动后处理器。

Simulation Error Log/Audit Trail：仿真误差记录/查询索引。

XSpice Command Line Interface：XSpice 命令界面。

Load Simulation Setting：导入仿真设置。

Save Simulation Setting：保存仿真设置。

Auto Fault Option：自动故障选择。

VHDL Simlation：VHDL 仿真。

Dynamic Probe Properties：动态探针属性。

Reverse Probe Direction：反向探针方向。

Clear Instrument Data：清除仪器数据。

Use Tolerances：使用公差。

7. Transfer（文件输出）菜单

Transfer（文件输出）菜单提供传输命令，Transfer 菜单中的主要命令及功能如下。

Transfer to Ultiboard 10：将电路原理图传送给 Ultiboard 10。

Transfer to Ultiboard 9 or Earlier：将电路原理图传送给 Ultiboard 9 或者其他早期版本。

Export to PCB Layout：输出 PCB 设计图。

Forward Annotate to Ultiboard 10：创建 Ultiboard 10 注释文件。

Forward Annotate to Ultiboard 9 or Earlier：创建 Ultiboard 9 或者其他早期版本注释文件。

Backannotate from Ultiboard：修改 Ultiboard 注释文件。

Highlight Selection in Ultiboard：加亮所选择的 Ultiboard。

Export Netlist：输出网络表。

8. Tools（工具）菜单

Tools（工具）菜单提供元件和电路编辑或管理命令，Tools 菜单中的主要命令及功能如下。

Component Wizard：元件编辑器。

Database：数据库。

Variant Manager：变量管理器。

Set Active Variant：设置动态变量。

Circuit Wizards：电路编辑器。

Rename/Renumber Components：元件重新命名/编号。

Replace Components…：元件替换。

Update Circuit Components…：更新电路元件。

Update HB/SC Symbols：更新 HB/SC 符号。

Electrical Rules Check：电气规则检验。

Clear ERC Markers：清除 ERC 标志。

Toggle NC Marker：设置 NC 标志。

Symbol Editor…：符号编辑器。

Title Block Editor…：工程图明细表比较器。

Description Box Editor…：描述箱比较器。

Edit Labels…：编辑标签。

Capture Screen Area：抓图范围。

9. Reports（报告）菜单

Reports（报告）菜单提供材料清单报告命令，Reports 菜单中的主要命令及功能如下。

Bill of Report：材料清单。

Component Detail Report：元件详细报告。

Netlist Report：网络表报告。

Cross Reference Report：参照表报告。

Schematic Statistics：统计报告。

Spare Gates Report：剩余门电路报告。

10. Option（选项）菜单

Option（选项）菜单提供电路界面和电路某些功能的设定命令，Options 菜单中的主要命令及功能如下。

Global Preferences…：全部参数设置。

Sheet Properties：工作台界面设置。

Customize User Interface…：用户界面设置。

11. Windows（窗口）菜单

Windows（窗口）菜单提供窗口操作命令，Windows 菜单中的主要命令及功能如下。

New Window：建立新窗口。

Close：关闭窗口。

Close All：关闭所有窗口。

Cascade：窗口层叠。

Tile Horizontal：窗口水平平铺。

Tile Vertical：窗口垂直平铺。

Windows…：窗口选择。

12. Help（帮助）菜单

Help（帮助）菜单为用户提供在线技术帮助和使用指导，Help 菜单中的主要命令及功能如下。

Multisim Help：主题目录。

Components Reference：元件索引。

Release Notes：版本注释。

Check For Updates…：更新校验。

File Information…：文件信息。

Patents…：专利权。

About Multisim：有关 Multisim 的说明。

（三）Multisim 工具栏

Multisim 常用的工具栏主要有标准工具栏、视图工具栏和主要工具栏等，各工具栏图标如附图 3 ~ 附图 5 所示。

附图 3　标准工具栏

附图 4　视图工具栏

附图 5　主要工具栏

（四）Multisim 的元器件库

Multisim 10 提供了丰富的元器件库，元器件库工具栏图标如附图 6 所示。

附图 6　元器件库工具栏

用鼠标左键单击元器件库工具栏的某一个图标即可打开该元件库。元器件库中的各个图标所表示的元器件含义如下所示。

1. 电源/信号源元件库（ ）

电源/信号源元件库有接地端、直流电压源（电池）、正弦交流电压源、方波（时钟）电压源、压控方波电压源等多种电源与信号源。

2. 基本器件元件库（ ）

基本器件元件库包含电阻、电容等多种元件。基本器件元件库中的虚拟元器件的参数是可以任意设置的，非虚拟元器件的参数是固定的，但是可以选择。

3. 二极管元件库（ ）

二极管元件库包含二极管、可控硅等多种器件。二极管元件库中的虚拟器件的参数是可以任意设置的，非虚拟元器件的参数是固定的，但是可以选择。

4. 晶体管元件库（ ）

晶体管元件库包含晶体管、FET 等多种器件。晶体管元件库中的虚拟器件的参数是可以任意设置的，非虚拟元器件的参数是固定的，但是可以选择。

5. 模拟集成电路元件库（ ）

模拟集成电路元件库包含多种运算放大器。模拟集成电路元件库中的虚拟器件的参数是可以任意设置的，非虚拟元器件的参数是固定的，但是可以选择。

6. TTL 数字集成电路元件库（ ）

TTL 数字集成电路元件库包含 74 × ×系列和 74LS × ×系列等 74 系列数字电路器件。

7. CMOS 数字集成电路元件库（ ）

CMOS 数字集成电路元件库包含 40 × ×系列和 74HC × ×系列多种 CMOS 数字集成电

路系列器件。

8. 数字器件元件库( )

数字器件元件库包含 DSP、FPGA、CPLD、VHDL 等多种器件。

9. 数模混合集成电路元件库( )

数模混合集成电路元件库包含 ADC/DAC、555 定时器等多种数模混合集成电路器件。

10. 指示器件元件库( )

指示器件元件库包含电压表、电流表、七段数码管等多种器件。

11. 电源器件元件库( )

电源器件元件库包含三端稳压器、PWM 控制器等多种电源器件。

12. 其他器件元件库( )

其他器件元件库包含晶体管、滤波器等多种器件。

13. 键盘显示器元件库( )

键盘显示器元件库包含键盘、LCD 等多种器件。

14. 射频元器件库( )

射频元器件库包含射频晶体管、射频 FET、微带线等多种射频元器件。

15. 机电类器件库( )

机电类器件库包含开关、继电器等多种机电类器件。

16. 微控制器元件库( )

微控制器件元件库包含 8051、PIC 等多种微控制器件。

(五) Multisim 仪器仪表库

仪器仪表库工具栏图标如附图 7 所示。

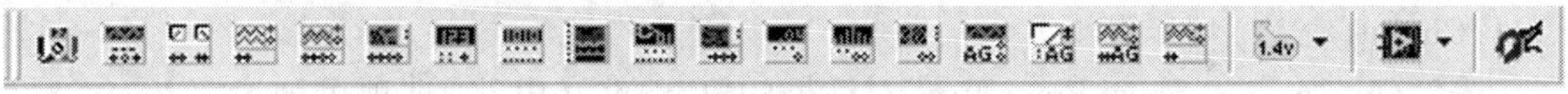

附图 7 仪器仪表库工具栏

三、Multisim 的基本操作

(一) 元器件的操作

1. 元器件的选用

选用元器件时,首先在元器件库栏中用鼠标点击包含该元器件的图标,打开该元器件库。然后从选中的元器件库对话框中,用鼠标点击将该元器件,然后点击“OK”,用鼠标拖曳该元器件到电路工作区的适当地方即可。

2. 选中元器件

在连接电路时,要对元器件进行移动、旋转、删除、设置参数等操作。这就需要先选中该元器件。要选中某个元器件,可使用鼠标的左键单击该元器件。被选中的元器件的四周出现 4 个黑色小方块(电路工作区为白底),便于识别。对选中的元器件可以进行移动、旋转、删除、设置参数等操作。用鼠标拖曳形成一个矩形区域,可以同时选中该矩形区域包围的一组元器件。要取消某一个元器件的选中状态,只需单击电路工作区的空白部分即可。

3. 元器件的移动

用鼠标的左键点击该元器件(左键不松手),拖曳该元器件即可移动。要移动一组元器件，必须先用前述的矩形区域方法选中这些元器件，然后用鼠标左键拖曳其中的任意一个元器件，则所有选中的部分就会一起移动。元器件被移动后，与其相连接的导线就会自动重新排列。选中元器件后，也可使用箭头键使之做微小的移动。

4. 元器件的旋转与反转

对元器件进行旋转或反转操作，需要先选中该元器件，然后单击鼠标右键或者选择菜单“Edit”，选择菜单中的“Flip Horizontal”（将所选择的元器件左右旋转）、“Flip Vertical”（将所选择的元器件上下旋转）、“90 Clockwise”（将所选择的元器件顺时针旋转 90°）、“90CounterCW”（将所选择的元器件逆时针旋转 90°）等菜单栏中的命令。也可使用“Ctrl”快捷键实现旋转操作。“Ctrl”快捷键的定义标在菜单命令的旁边。

5. 元器件的复制、删除

对选中的元器件，进行元器件的复制、移动、删除等操作，可以单击鼠标右键或者使用菜单“Edit”→“Cut”（剪切）、“Edit”→“Copy”（复制）和“Edit”→“Paste”（粘贴）、“Edit”→“Delete”（删除）等命令。

6. 元器件标签、编号、数值、模型参数的设置

在选中元器件后，双击该元器件，或者选择菜单命令“Edit”→“Properties”（元器件属性），会弹出相关的对话框，可供输入数据。器件属性对话框具有多种选项可供设置，包括Label（标识）、Display（显示）、Value（数值）、Fault（故障设置）、Pins（引脚端）、Variant（变量）等内容。

（二）电路图选项的设置

选择“Options”菜单中的“Sheet Properties”（工作台界面设置），设置与电路图显示方式有关的一些选项。

1. Circuit（电路）对话框

选择“Options”→“Sheet Properties”对话框的“Circuit”（电路）选项可弹出“Circuit”对话框，如附图 8 所示。在“Circuit”对话框中：“Show”（显示）图框中可选择电路显示的各种参数，Color（颜色）图框中的 6 个按钮用来选择电路工作区的背景、元器件、导线等的颜色。

2. Workspace（工作区）对话框

选择“Options”→“Sheet Properties”对话框“Workspace”（工作区）选项可弹出“Workspac”对话框，如附图 9 所示。Show Grid（显示网格）：选择电路工作区里是否显示格点。Show Page Bounds（显示页边界）：选择电路工作区里是否显示页面分隔线（边界）。Show Border（显示边框）：选择电路工作区里是否显示边界。“Sheet Size”（图纸大小）区域的功能是设定图纸大小（A - E、A0 - A4）及 Custom（自定义）选项，并可选择尺寸单位为英寸（Inches）或厘米（Centimeters），以及设定图纸方向是 Portrait（纵向）或 Landscape（横向）。

3. Wiring（配线）对话框

选择“Options”→“Sheet Properties”对话框的“Wiring”（配线）选项可弹出“Wiring”对话框，如附图 10 所示。在“Wiring”对话框中，“Wire Width”：选择线宽。“Bus Width”：选择总线线宽。“Bus Wiring Mode”：选择总线模式。

4. “Font”（字体）对话框

选择“Options”→“Sheet Properties”对话框的“Font”选项可弹出“Font”对话框，“Font”对话框如附图 11 所示。在“Font”对话框中可以选择字型、字型的应用项目、字型的应用范

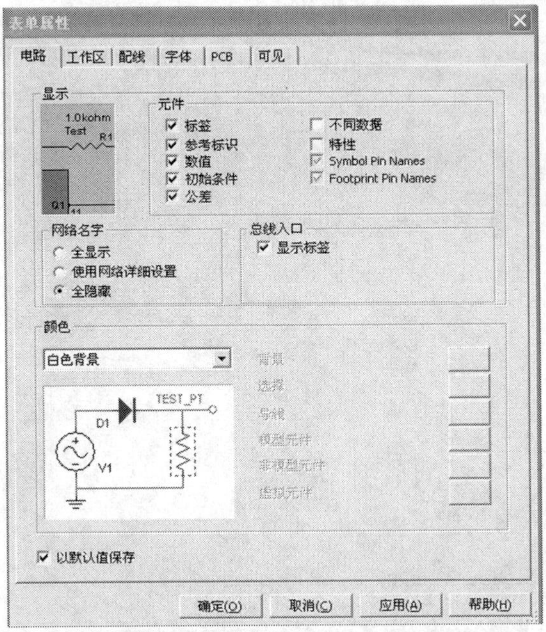

附图 8 “Circuit”(电路)对话框

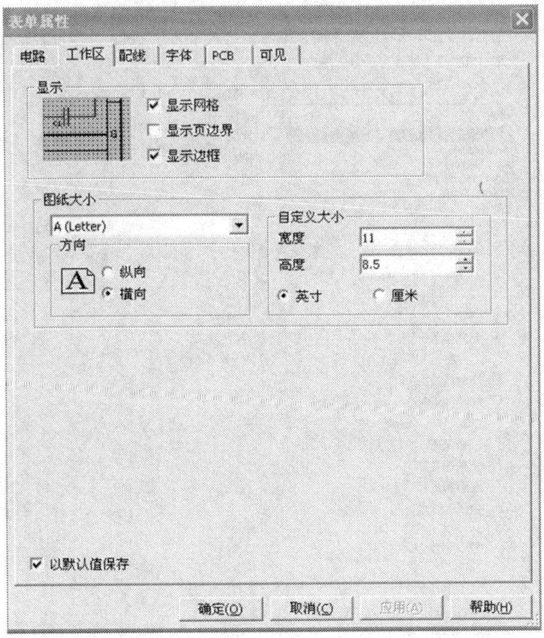

附图 9 “Workspace”(工作区)对话框

围等。

5. Part(首选项)对话框

选择“Options”→“Global Preferences…”对话框的“Part”选项可弹出如附图 12 所示的“Part”(首选项)对话框,在“Part”对话框中,有以下几项。

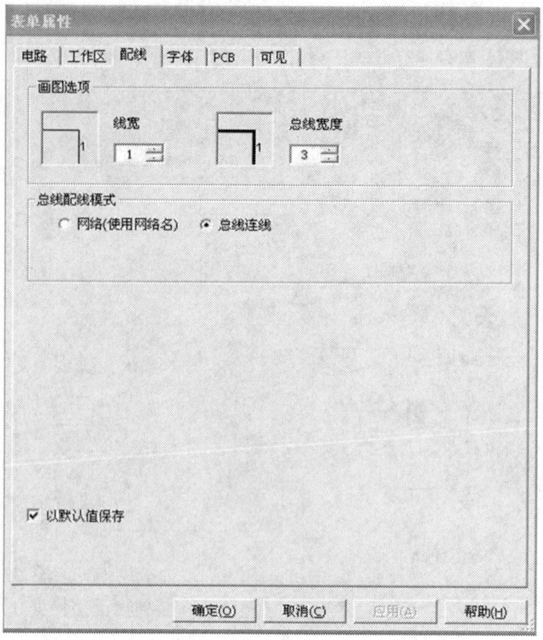

图 10 "Wiring"(配线)对话框

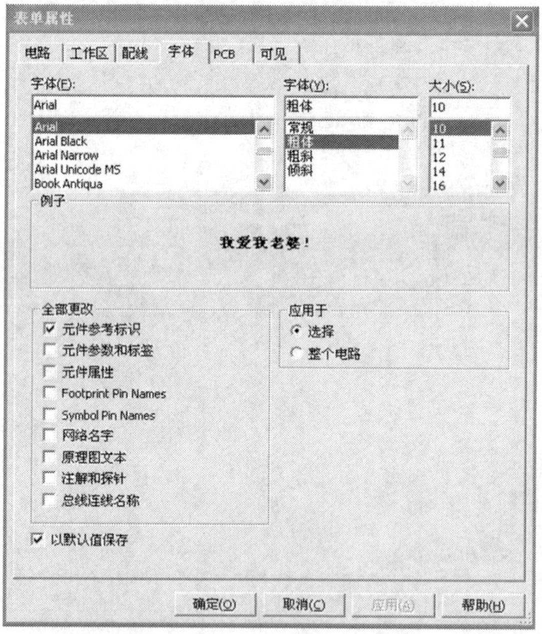

附图 11 "Font"(字体)对话框

1)选择放置元件方式

在"Place Component Mode"(放置元件方式)区域选择元器件操作模式。Place Single Component:选定时,从元器件库里取出元器件,只能放置一次。Continuous Placement for multi－section Part only(ESC to Quit):选定时,如果从元器件库里取出的元器件是 74×× 之类的单封装内含多组件的元器件,则可以连续放置元器件;停止放置元器件,可按[ESC]键退出。Continuous Placement(ESC to Quit):选定时,从元器件库里取出的零件,可以连续放置;停止放置元器件,可按[ESC]键退出。

2)选择元器件符号标准

在"Symbol Standard"(符号标准)区域选择元器件符号标准。ANSL:设定采用美国标准元器件符号。DIN:设定采用欧洲标准元器件符号。

3)选择正相位移方向

在"Positive Phase Shift Direction"(正相位移方向)区域选择相移方向,左移(Shift Left)或者右移(Shift Right)。

4)数字仿真设置

在"Digital Simulation Setting"(数字仿真设置)区域选择数字仿真设置, Idea(faster simulation)状态为理想状态仿真,可以获得较高速度的仿真;Real(more accurate simulation - requires powerand digital ground)为真实状态仿真。

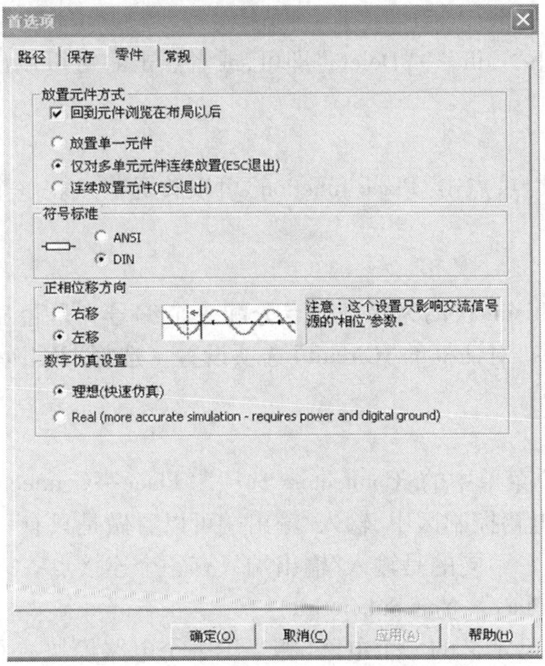

附图 12 "Part"(首选项)对话框

6. Default(默认)对话框

在"Options"→"Sheet Properties"和"Options"→"Global Preferences…"的各对话框的左下角有一个用于用户默认的设置,点击选择"Save as Default",则将当前设置存为用户的默认设置,默认设置的影响范围是新建图纸;除去"Save as Default"选择则将当前设置恢复为用户的默认设置。若仅点击"OK"按钮,则不影响用户的默认设置,仅影响当前图纸的设置。

(三)导线的操作

1. 导线的连接

在两个元器件之间,首先将鼠标指向一个元器件的端点,使其出现一个小圆点,按下鼠标左键并拖曳出一根导线,拉住导线并指向另一个元器件的端点,使其出现小圆点,释放鼠标左键，则导线连接完成。连接完成后，导线将自动选择合适的走向，不会与其他元器件或仪器发生交叉。

2. 连线的删除与改动

将鼠标指向元器件与导线的连接点，使其出现一个圆点，按下左键拖曳该圆点使导线离开元器件端点，释放左键，导线自动消失，完成连线的删除。也可以将拖曳移开的导线连至另一个接点，实现连线的改动。

3. 改变导线的颜色

在复杂的电路中，可以将导线设置为不同的颜色。要改变导线的颜色，用鼠标指向该导线，点击右键可以出现菜单，选择"Change Color"（改变颜色）选项，出现颜色选择框，然后选择合适的颜色即可。

4. 在导线中插入元器件

将元器件直接拖曳放置在导线上，然后释放，即可在电路中插入元器件。

5. 从电路中删除元器件

选中该元器件，按下"Edit"→"Delete"即可，或者点击右键可以出现菜单，选择"Delete"即可。

6. "节点"的使用

"节点"是一个小圆点，点击"Place Junction"可以放置节点。一个"节点"最多可以连接来自四个方向的导线。

7. "节点"编号

在连接电路时，Multisim 自动为每个节点分配一个编号。是否显示节点编号可由"Options"→"Sheet Properties"对话框的"Circuit"选项设置。选择"RefDes"选项，可以选择是否显示连接线的节点编号。

（四）输入/输出端

用鼠标点击"Place"菜单中的"Connectors 选项"（Place→Connectors）即可取出所需要的一个输入/输出端。在电路控制区中，输入/输出端可以看做是只有一个引脚的元器件，所有操作方法与元器件相同。不同的是输入/输出端只有一个连接点。

（五）创建子电路（Place→New Subcircuit）

子电路是由用户自己定义的一个电路（相当于一个电路模块），可存放在自定义元器件库中供电路设计时反复调用。利用子电路可使大型的、复杂系统的设计模块化、层次化，从而提高设计效率与设计文档的简洁性、可读性，实现设计的重用，缩短产品的开发周期。

Place 操作中的子电路（New Subcircuit）菜单选项，可以用来生成一个子电路。子电路的创建步骤如下：首先在电路工作区连接好一个电路，然后用拖框操作（按住鼠标左键，拖动）将电路选中，这时框内元器件全部选中。用鼠标器单击"Place"→"New Subcircuit"菜单选项，即出现子电路对话框，输入电路名称后，用鼠标单击"OK"选项，生成一个子电路图标。用鼠标单击"File"→"Save"选项或用"Ctrl + S"操作，可以保存生成的子电路。用鼠标单击"File→Save As"选项，可将当前子电路文件换名保存。

（六）在电路工作区内输入文字（Place→Text）

为加强对电路图的理解，在电路图中的某些部分添加适当的文字注释有时是必要的。在 Multisim 的电路工作区内可以输入中英文文字，其基本步骤为：

(1)启动“Place”菜单中的“Text”命令(Place→Text),然后用鼠标点击需要放置文字的位置,可以在该处放置一个文字块。

(2)在文字输入框中输入所需要的文字,文字输入框会根据文字的多少自动缩放。文字输入完毕后,用鼠标点击文字输入框以外的地方,文字输入框会自动消失。

(3)如果需要改变文字的颜色,可以用鼠标指向该文字块,点击鼠标右键弹出快捷菜单。选取“Pen Color”命令,在“颜色”对话框中选择文字颜色。另外选择“Font”可改动文字的字体和大小。

(4)如果需要移动文字,用鼠标指针指向文字,按住鼠标左键,移动到目的地后放开左键即可。

(5)如果需要删除文字,则先选取该文字块,点击右键打开快捷菜单,选取“Delete”命令即可。

(七)输入注释(Place→Comment)

利用注释描述框输入文本可以对电路的功能、使用说明等进行详尽的描述,并且在需要查看时可打开,不需要时关闭,不占用电路窗口空间。注释描述框的操作很简单,写入时,启动“Place”菜单中的“Comment”命令(Place→Comment),打开对话框,在其中输入需要说明的文字,可以保存和打印所输入的文本。

(八)编辑图纸标题栏(Place→Title Block)

鼠标点击“Place”菜单中的“Title Block”(Place→Title Block),则打开一个标题栏文件选择对话框。在标题栏文件中包括10个可选择的标题栏文件。双击鼠标可以打开标题栏设置对话框,可以编辑修改标题栏内容,编辑完毕点击“OK”即可。

四、仪器仪表的使用

(一)仪器仪表的基本操作

Multisim的仪器仪表库存放有万用表、函数信号发生器、示波器、波特图示仪、字信号发生器、逻辑分析仪、逻辑转换仪、功率表、失真度分析仪、网络分析仪、频谱分析仪等11种仪器仪表可供使用,仪器仪表以图标方式存在,每种类型有多台。

1. 仪器的选用与连接

从仪器库中将所选用的仪器图标用鼠标“拖放”到电路工作区即可,类似于元器件的拖放。将仪器图标上的连接端(接线柱)与相应电路的连接点相连,连线过程类似于元器件的连线。

2. 仪器参数的设置

双击仪器图标即可打开仪器面板。可以用鼠标操作仪器面板上的相应按钮及参数设置对话窗口的设置数据。在测量或观察过程中,可以根据测量或观察结果来改变仪器仪表参数的设置,如示波器、逻辑分析仪等。

(二)万用表(Multimeter)

万用表是一种可以用来测量交直流电压、交直流电流、电阻及电路中两点之间的分贝损耗,自动调整量程的数字显示的多用表。用鼠标双击万用表图标,可以放大万用表的面板。用鼠标单击数字万用表面板上的“设置”(Settings)按钮,则弹出参数设置对话框窗口,可以设置数字万用表的电流表内阻、电压表内阻、欧姆表电流及测量范围等参数。万用表面板和参数设置对话框如附图 13 所示。

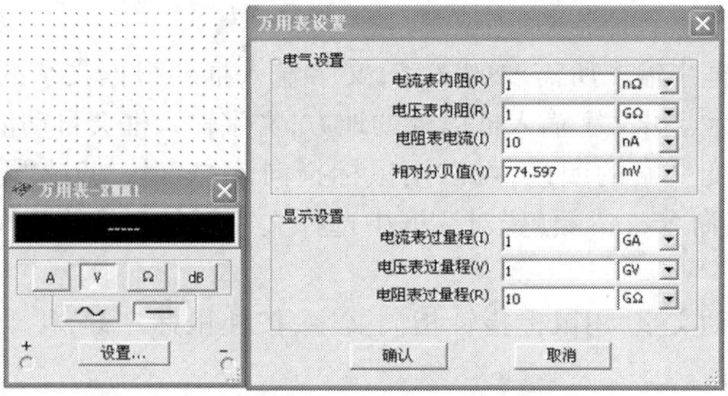

附图 13　万用表面板和参数设置对话框

(三)函数信号发生器(Function Generator)

函数信号发生器是可提供正弦波、三角波、方波三种不同波形的信号的电压信号源。用鼠标双击函数信号发生器图标,可以放大函数信号发生器的面板。函数信号发生器的面板如附图 14 所示。函数信号发生器的输出波形、工作频率、占空比、幅度和直流偏置,可用鼠标来选择"波形"按钮和在各窗口设置相应的参数来实现。频率设置范围为 1 Hz ~ 999 THz;占空比调整值可从 1% ~ 99%;幅度设置范围为 1 μV ~ 999 kV;偏移设置范围为 -999 ~ +999 kV。

(四)功率表(Wattmeter)

功率表用来测量电路的功率,交流或者直流均可测量。用鼠标双击功率表的图标可以放大功率表的面板。电压输入端与测量电路并联连接,电流输入端与测量电路串联连接。功率表的面板如附图 15 所示。

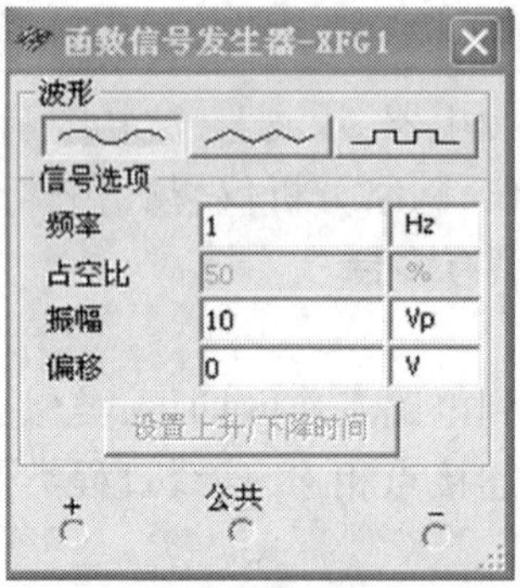

附图 14　函数信号发生器的面板

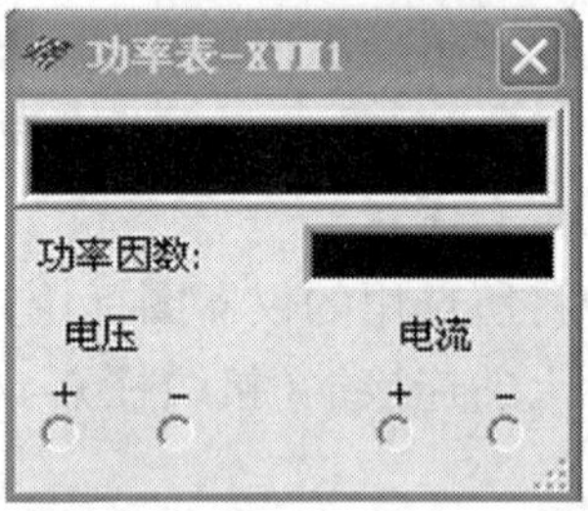

附图 15　功率表的面板

(五)示波器(Oscilloscope)

示波器是用来显示电信号波形的形状、大小、频率等参数的仪器。用鼠标双击示波器图标,可以放大示波器的面板,如附图 16 所示。示波器面板各按键的作用、调整及参数的设置与实际的示波器类似。

1. 时基(Time base)控制部分的调整

1)时间基准

X 轴刻度显示示波器的时间基准,其基准为 0.1 fs/Div ~ 1 000 Ts/Div,可供选择。

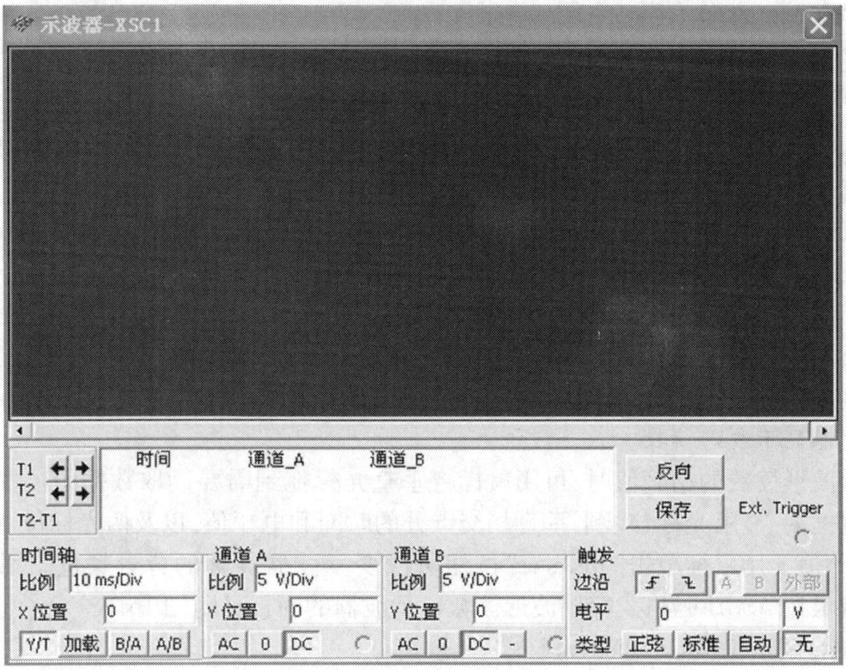

附图 16　示波器的面板

2）*X* 轴位置控制

X 轴位置控制 *X* 轴的起始点。当 *X* 的位置调到 0 时，信号从显示器的左边缘开始，正值使起始点右移，负值使起始点左移，*X* 位置的调节范围为 -5.00 ~ +5.00。

3）显示方式选择

显示方式选择示波器的显示，可以从"幅度/时间（Y/T）"切换到"A 通道/B 通道中（A/B）"、"B 通道/A 通道（B/A）"或"Add"方式。

（1）Y/T 方式：*X* 轴显示时间，*Y* 轴显示电压值。

（2）A/B、B/A 方式：*X* 轴与 *Y* 轴都显示电压值。

（3）Add 方式：*X* 轴显示时间，*Y* 轴显示 A 通道、B 通道的输入电压之和。

2. 示波器输入通道（Channel A/B）的设置

1）*Y* 轴刻度

Y 轴电压刻度范围为 1 fV/Div ~ 1 000 TV/Div，可以根据输入信号大小来选择 *Y* 轴刻度值的大小，使信号波形在示波器显示屏上显示出合适的幅度。

2）*Y* 轴位置

Y 轴位置控制 *Y* 轴的起始点。当 *Y* 的位置调到 0 时，*Y* 轴的起始点与 *X* 轴重合，如果将 *Y* 轴位置增加到 1.00，*Y* 轴原点位置从 *X* 轴向上移一格，若将 *Y* 轴位置减小到 -1.00，*Y* 轴原点位置从 *X* 轴向下移一格。*Y* 轴位置的调节范围为 -3.00 ~ +3.00。改变 A、B 通道的 *Y* 轴位置有助于比较或分辨两通道的波形。

3）*Y* 轴输入方式

Y 轴输入方式即信号输入的耦合方式。当用 AC 耦合时，示波器显示信号的交流分量。当用 DC 耦合时，显示的是信号的 AC 和 DC 分量之和。当用 0 耦合时，在 *Y* 轴设置的原点

位置显示一条水平直线。

3. 触发方式(Trigger)调整

1)触发信号选择

触发信号选择一般选择自动触发(Auto),选择“A”或“B”,则用相应通道的信号作为触发信号。选择“Ext”,则由外触发输入信号触发;选择“Sing”为单脉冲触发;选择“Nor”为一般脉冲触发。

2)触发沿(Edge)选择

触发沿(Edge)可选择上升沿或下降沿触发。

3)触发电平(Level)选择

触发电平(Level)选择触发电平范围。

4. 示波器显示波形读数

要显示波形读数的精确值时,可用鼠标将垂直光标拖到需要读取数据的位置。显示屏幕下方的方框内,显示光标与波形垂直相交点处的时间和电压值,以及两光标位置之间的时间、电压的差值。用鼠标单击“Reverse”按钮可改变示波器屏幕的背景颜色。用鼠标单击“Save”按钮可按ASCII码格式存储波形读数。示波器的面板见附图16。

(六)波特图示仪(Bode Plotter)

波特图示仪可以用来测量和显示电路的幅频特性与相频特性,类似于扫频仪。用鼠标双击波特图示仪图标,放大的波特图示仪的面板如附图17所示。可选择幅频特性(Magnitude)或者相频特性(Phase),波特图示仪有In和Out两对端口,其中In端口的+和-分别接电路输入端的正端和负端;Out端口的+和-分别接电路输出端的正端和负端。使用波特图示仪时,必须在电路的输入端接入AC(交流)信号源。

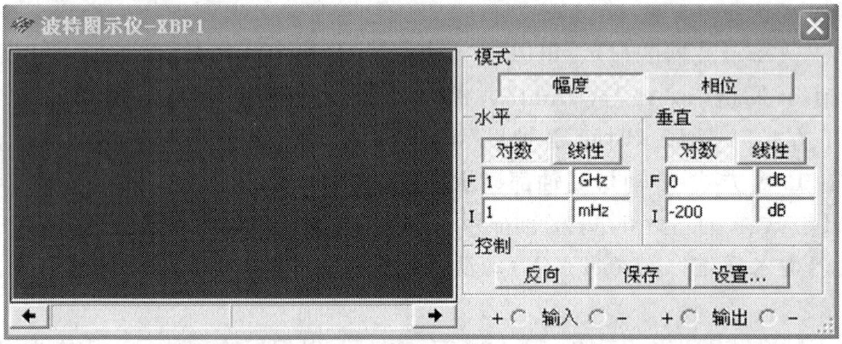

附图17　波特图示仪面板

1. 坐标设置

在垂直(Vertical)坐标或水平(Horizontal)坐标控制面板图框内,按下“Log”按钮,则坐标以对数(底数为10)的形式显示;按下“Lin”按钮,则坐标以线性的结果显示。水平(Horizontal)坐标标度(1 mHz ~ 1 000 THz):水平坐标轴显示频率值,它的标度由水平轴的初始值(Initial)或终值(Final)决定。在信号频率范围很宽的电路中,分析电路频率响应时,通常选用对数坐标(以对数为坐标所绘出的频率特性曲线称为波特图)。垂直(Vertical)坐标:当测量电压增益时,垂直轴显示输出电压与输入电压之比。若使用对数基准,则单位是分贝;若使用线性基准,显示的是比值。当测量相位时,垂直轴总是以度为单位显示相位角。

2. 坐标数值的读出

要得到特性曲线上任意点的频率、增益或相位差,可用鼠标拖动读数指针(位于波特图示仪中的垂直光标),或者用读数指针移动按钮来移动读数指针(垂直光标)到需要测量的点,读数指针(垂直光标)与曲线的交点处的频率和增益或相位角的数值显示在读数框中。

3. 分辨率设置

Set 用来设置扫描的分辨率,用鼠标点击"Set"按钮,出现分辨率设置对话框,数值越大分辨率越高。

(七)字信号发生器(Word Generator)

字信号发生器是能产生 16 路(位)同步逻辑信号的一个多路逻辑信号源,用于对数字逻辑电路进行测试。用鼠标双击字信号发生器图标,放大的字信号发生器面板如附图 18 所示。

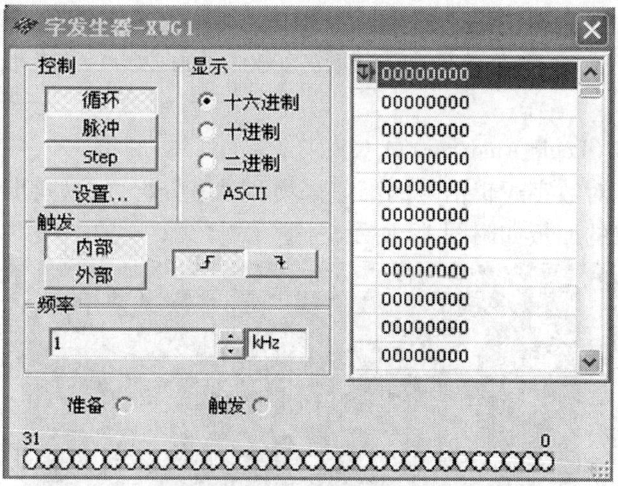

附图 18　字信号发生器面板

1. 字信号的输入

在字信号编辑区,32 bit 的字信号以 8 位 16 进制数编辑和存放,可以存放 1 024 条字信号,地址编号为 0000 ~ 03FF。字信号输入操作:将光标指针移至字信号编辑区的某一位,用鼠标单击后,由键盘输入如二进制数码的字信号,光标自左至右,自上至下移位,可连续地输入字信号。在字信号显示(Display)编辑区可以编辑或显示字信号格式有关的信息。字信号发生器被激活后,字信号按照一定的规律逐行从底部的输出端送出,同时在面板的底部对应于各输出端的小圆圈内,实时显示输出字信号各个位(bit)的值。

2. 字信号的输出方式

字信号的输出方式分为 Step(单步)、Burst(单帧)、Cycle(循环)三种方式。用鼠标单击一次"Step"按钮,字信号输出一条。这种方式可用于对电路进行单步调试。用鼠标单击"Burst"按钮,则从首地址开始至本地址连续逐条地输出字信号。用鼠标单击"Cycle"按钮,则循环不断地进行 Burst 方式的输出。Burst 和 Cycle 情况下的输出节奏由输出频率的设置决定。采用 Burst 输出方式时,当运行至该地址时输出暂停。再用鼠标单击"Pause"按钮则恢复输出。

3. 字信号的触发方式

字信号的触发分为 Internal(内部)和 External(外部)两种触发方式。当选择 Internal(内部)触发方式时,字信号的输出直接由输出方式按钮(Step、Burst、Cycle)启动。当选择 External(外部)触发方式时,则需接入外触发脉冲,并定义“上升沿触发”或“下降沿触发”。然后单击“输出方式”按钮,待触发脉冲到来时才启动输出。此外,在数据准备好时,输出端可以得到与输出字信号同步的时钟脉冲输出。

4. 字信号的存盘、重用、清除等操作

用鼠标单击“Set”按钮,弹出 Pre-Setting Patterns 对话框,在对话框中,Clear Buffer(清除字信号编辑区)、Open(打开字信号文件)、Save(保存字信号文件)三个选项用于对编辑区的字信号进行相应的操作。字信号存盘文件的后缀为“. DP”。对话框中 UP Counter(按递增编码)、Down Counter(按递减编码)、Shift right(按右移编码)、Shiftleft(按左移编码)四个选项用于生成一定规律排列的字信号。例如,选择 UP Counter(按递增编码),则按 0000 ~ 03FF 排列;如果选择 Shift right(按右移编码),则按 8000、4000、2000 等逐步右移一位的规律排列;其余类推。

(八)逻辑分析仪(Logic Analyzer)

逻辑分析仪用于对数字逻辑信号的高速采集和时序分析,可以同步记录和显示 16 路数字信号。逻辑分析仪的面板如附图 19 所示。

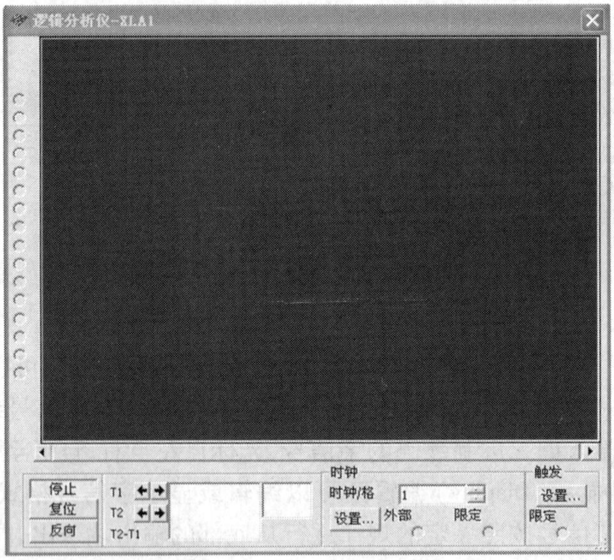

附图 19　逻辑分析仪面板

(九)逻辑转换器(Logic Converter)

逻辑转换器是 Multisim 特有的仪器,能够完成真值表、逻辑表达式和逻辑电路三者之间的相互转换,实际中不存在与此对应的设备。逻辑转换器面板如附图 20 所示。

(十)失真分析仪(Distortion Analyzer)

失真分析仪是一种用来测量电路信号失真的仪器,Multisim 提供的失真分析仪频率范围为 20 Hz ~ 20 kHz,失真分析仪面板如附图 21 所示。在 Control Mode(控制模式)区域中,THD 设置分析总谐波失真,SINAD 设置分析信噪比,Settings 设置分析参数。

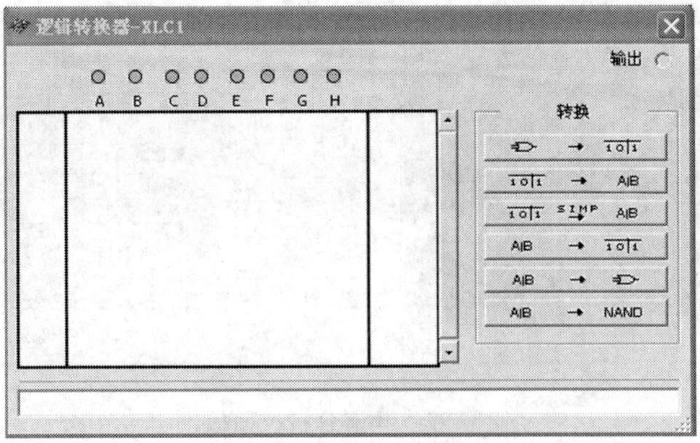

附图 20　逻辑转换器面板

(十一)频谱分析仪(Spectrum Analyzer)

频谱分析仪用来分析信号的频域特性，Multisim 提供的频谱分析仪频率范围上限为 4 GHz，频谱分析仪面板如附图 22 所示。

在频谱分析仪面板中，分 5 个区。

在 Span Control 区中：当选择 Set Span 时，频率范围由 Frequency 区域设定。当选择 Zero Span 时，频率范围仅由 Frequency 区域的 Center 栏位设定的中心频率确定。

当选择 Full Span 时，频率范围设定为 0 ~4 GHz。

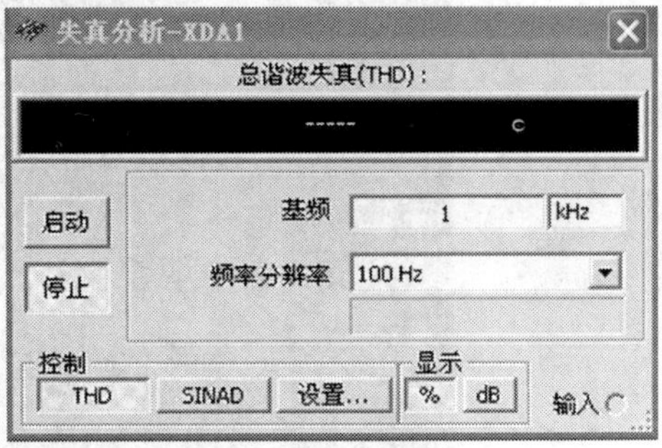

附图 21　失真分析仪面板

在 Frequency 区中：Span 设定频率范围，Start 设定起始频率，Center 设定中心频率，End 设定终止频率。

在 Amplitude 区中：当选择 dB 时，纵坐标刻度单位为 dB。当选择 dBm 时，纵坐标刻度单位为 dBm。当选择 Lin 时，纵坐标刻度单位为线性。

在 Resolution Frequency 区中可以设定频率分辨率，即能够分辨的最小谱线间隔。

在 Controls 区中：当选择 Start 时，启动分析。当选择 Stop 时，停止分析。当选择 Trigger Set 时，选择触发源是 Internal(内部触发)还是 External(外部触发)，选择触发模式是 Continue(连续触发)还是 Single(单次触发)。

频谱图显示在频谱分析仪面板左侧的窗口中，利用游标可以读取其每点的数据并显示在面板右侧下部的数字显示区域中。

(十二)网络分析仪(Network Analyzer)

网络分析仪是一种用来分析双端口网络的仪器，它可以测量衰减器、放大器、混频器、功率分配器等电子电路及元件的特性。Multisim 提供的网络分析仪可以测量电路的 S 参数并计算出 H、Y、Z 参数。网络分析仪面板如附图 23 所示。

(十三)IV(电流/电压)分析仪

IV(电流/电压)分析仪用来分析二极管、PNP 和 NPN 晶体管、PMOS 和 CMOS FET 的 IV 特性。注意：IV 分析仪只能够测量未连接到电路中的元器件。IV(电流/电压)分析仪的面

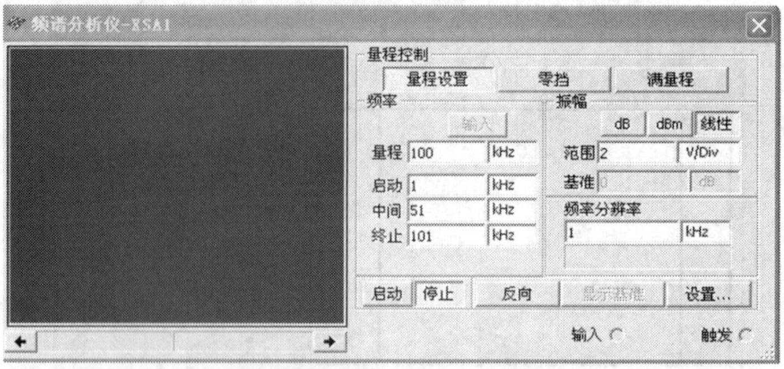

附图 22　频谱分析仪面板

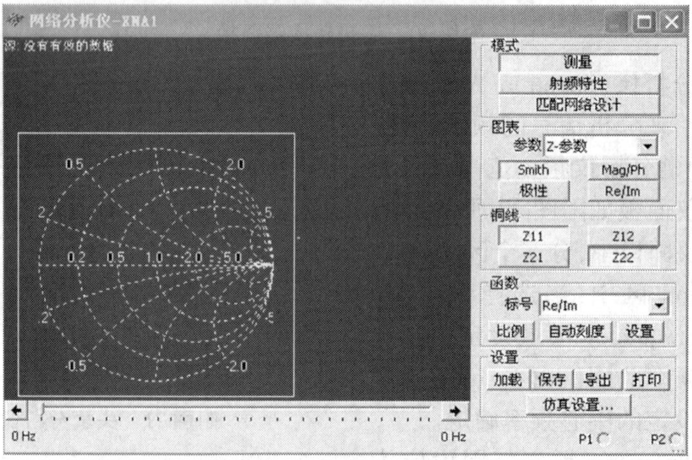

附图 23　网络分析仪面板

板如附图 24 所示。

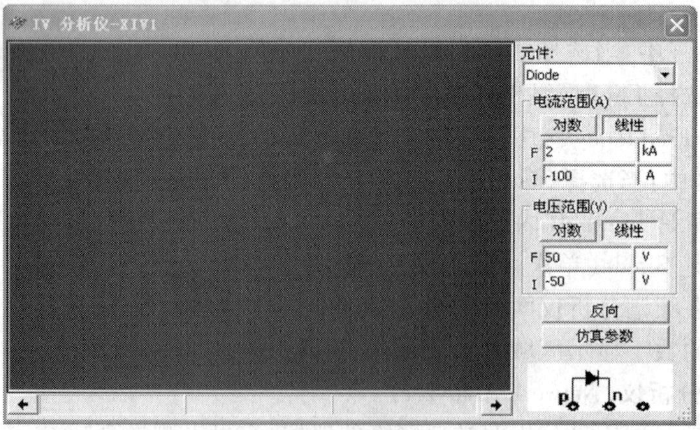

附图 24　IV 分析仪面板

(十四)测量探针和电流探针

Multisim 提供测量探针和电流探针。在电路仿真时,将测量探针和电流探针连接到电路中的测量点,测量探针即可测量出该点的电压和频率值,电流探针即可测量出该点的电流值。

（十五）电压表

电压表存放在指示元器件库中，在使用中数量没有限制。点击“旋转”按钮可以改变其引出线的方向。电压表用来测量电路中两点间的电压。测量时，将电压表与被测电路的两点并联。电压表交、直流工作模式及其他参数设置，可双击“电压表”图标，弹出电压表参数对话框。电压表预置的内阻很高，在 1 MΩ 以上。然而，在低电阻电路中使用极高内阻电压表，仿真时可能会产生错误。电压表特性对话框具有多种选项可供设置，包括 Label（标识）、Models（模型）、Value（数值）、Fault（故障设置）、Display（显示）内容的设置，设置方法与元器件中标签、编号、数值、模型参数的设置方法相同。

（十六）电流表

电流表存放在指示元器件库中，在使用中数量没有限制。点击“旋转”按钮可以改变其引出线的方向。电流表用来测量电路回路中的电流。测量时将它串联在被测电路回路中。双击“电流表”图标，弹出电流表参数对话框。电流表特性对话框具有多种选项可供设置，包括 Label（标识）、Models（模型）、Value（数值）、Fault（故障设置）、Display（显示）内容的设置，设置方法与元器件中标签、编号、数值、模型参数的设置方法相同。

参 考 文 献

[1] 张占松,蔡宣三. 开关电源的原理与设计[M]. 北京:电子工业出版社,1998.
[2] 辛伊波,陈文清. 开关电源基础与应用[M]. 西安:西安电子科技大学出版社,2009.
[3] 张建生. 电源技术教程[M]. 北京:电子工业出版社,2007.
[4] 马洪涛,等. 开关电源制作与调试[M]. 北京:中国电力出版社,2010.
[5] 曾仲其,等. 不间断电源的原理安装调试和维修[M]. 北京:国防工业出版社,1999.
[6] 郑琼林,耿文学. 电力电子电路精选[M]. 北京:电子工业出版社,1996.